Mein famoses Fahrrad
mobil · cool · urban

Chris Haddon

Fotografien von **Lyndon McNeil**
Aus dem Englischen von **Claire Roth**

KNESEBECK

Inhalt

Einführung 6

New York 10
Amsterdam 11

Fahrradfahren verbindet 12
Briggy´s Bike Shack 14
Fixies und Fritten 18
Der Donnerstags-Club 20
Horse Cycles 22
Die Genossenschaft 24
The Old Bicycle Company 26
Der Classic Riders Club 29
Das Fahrradkabinett 32
Der umgekehrte Fahrradladen 36
Die Fahrrad-Bibliothek 38
Chopperdome 40
Sargent & Co. 42
Benjamin Cycles 44
Ichi Bike 46
Star Bikes Café 49
Pashley Guv´nors 50
Kwikfiets 52
Burning Man 54
The Bikerist 55
En Selle Marcel 56
Lock 7 56
Fahrradhof Altlandsberg 57
Exceller Bikes 57

Weil ich es kann 58
Der Mann, der mit dem Rad
 die Welt umrundete 60
Radpolo 64
Der Olympionike 66
Hillbilly 68
L´Eroica 70
Brixton Billy 72
Auf dem Hochrad um die Welt 74
Herne Hill Velodrom 76
Rollapaluza 77

Brügge 78

Die Nonkonformisten 80
Cally 82
Der Designer 86
The Urban Voodoo Machine 88
Yasi und Roy 91
Bordstein-Sturmkrabbler 92
Toon 94
Das gelbe Trikot 98
Lejeune 101
Alan Super Gold 102
Royal Mail Sonderzustellung 104
Schwinn 108
Raleigh Chopper 112
Matteo 115
Vergangene Zeiten 118
Vélo Vintage 121
Der Perfektionist 122
Eine Affäre mit Phillips 126
Gaskill´s Hop Shop 128
BSA Klapprad 130
Mizutani Super Cycle 131
Elswick-Hopper Scoo-Ped 132
CharRie´s Café 132
Der Atombunker-Tunnel 133
Critérium des Porteurs de Journaux ... 133

Das Fahrrad bewirkt etwas 134
Re-Cycle 136
Die Lastenfahrräder von Peking 139
Die Fahrrad-Band 140
Volle Band 142
Magnificent Revolution 143
Street Books 144
Dandy 911 146
Der Postbote auf dem Hochrad 148
Beam Bike 150
Das Brompton 152
Raleigh Explorer 154

Paris 155

Quellen 156
Credits 158
Dank 159

Einführung

Stellen Sie sich eine Welt ohne Fahrrad vor, in der Sie zur Fortbewegung im Grunde nur wählen können zwischen Laufen und dem Einsatz eines Fahrzeugs mit Verbrennungsmotor. Dann stellen Sie sich vor, was für eine bahnbrechende Idee es wäre, wenn jemand zwei Räder so mit einem Rahmen verbinden würde, dass sie allein durch menschliche Kraft angetrieben werden können. So jemand würde als Genie gefeiert und steinreich werden.

Zum Glück jedoch gibt es das Fahrrad schon lange, und wir alle sollten dankbar für diese Erfindung sein; denn für viele von uns wäre das eigene Leben nicht vorstellbar ohne die nostalgischen Jugenderinnerungen an unser erstes eigenes Rad. Rein ins Geschäft, hin zu dem Rad, das du willst; du witterst den Geruch nach Gummi und Metall. Er kitzelt in der Nase, aber das beachtest du gar nicht; dafür bist du begeistert, dass du bald mehr Gänge hast »als der Blödmann« aus dem Nachbarhaus. Du befestigst Lampen an deinem Rad, damit du gewappnet bist für den Einbruch der Dunkelheit, klemmst einen Streifen Pappe zwischen die Speichen, damit sie beim Fahren klingen wie Evel Knievels Motorrad – für dich zumindest. Du fährst in der Straße, in der du wohnst, stundenlang im Kreis und änderst die Richtung nur, damit du den Lenker mal anders halten und dich ausbalancieren kannst. Und was gibt es Schöneres als den unbändigen Spaß, der sich einstellt, wenn du wie wild steile Wege hinunterbretterst und dich unbeirrbar am Lenker festklammerst. Inzwischen haben Sie wohl gemerkt, dass hier ein mittelalterlicher Typ in den Dreißigern den eigenen Jugenderinnerungen nachhängt. Doch obwohl ich keine Spielernatur bin, möchte ich darauf wetten, dass viele von Ihnen bei meinen Ausführungen selbst ein wenig sentimental geworden sind.

Vielleicht ist es die technische Unkompliziertheit dieser Erfindung aus den 1890er-Jahren, als das Fahrrad zum gebräuchlichen Fortbewegungsmittel für die breite Masse wurde, die in uns nostalgische Gefühle weckt an eine Zeit, die noch weniger von Hochtechnologie geprägt war als die schnelllebige Gegenwart. In der Zeit unserer Jugend haben wir das Radfahren liebgewonnen. Es war ein fester Bestandteil unseres Lebens.

Ungeachtet aller Fortschritte, kam das Fahrrad nie aufs Abstellgleis. Im Gegenteil! Fahrräder sind ausgesprochen cool! Auch heute noch ist Radfahren bei Millionen Menschen aus allen Gesellschaftsschichten eine beliebte Freizeitbeschäftigung. Erfolgreiche Radsportler erlangen heute zu Recht den Status von Superstars und werden im gleichen Atemzug mit A-Promis genannt. Radfahren ist also keinesfalls eine Domäne von Leuten, bei deren Anblick man gleich kehrtmacht. Wenn man den Berichten Glauben schenken darf, dass die Zahl der Hobby-Radfahrer immer stärker zunimmt, dann rangiert Radfahren auf der Beliebtheitsskala zurzeit weit oben, und ein Ende ist nicht in Sicht. Fahrrad-Fachgeschäfte, Fahrrad-Cafés, Fahrradmode, und zwar nicht nur Lycra, und eine Vielzahl anderer Nebenprodukte sind im Zuge der Wiederentdeckung des Radfahrens auf den Markt gekommen. Vielleicht haben Sie ja selbst schon ein prestigeträchtiges Bicyclette, einen Retroklassiker vielleicht mit schmalen Reifen oder einen Trendsetter mit Tiefbettfelgen oder gar ein Hochrad. Vielleicht begnügen Sie sich aber auch mit einem Einkaufsrad oder einem Schnäppchen vom Trödelmarkt. Vielleicht steht Ihnen der Sinn nach einem Fahrrad mit dem gewissen Etwas, einem Oldtimer-Gefährt mit eigenem Stammbaum etwa, jedenfalls keinem Allerweltsrad von der Stange. Dann ist jetzt genau der richtige Zeitpunkt, den ganzen Reichtum der Fahrradkultur zu entdecken.

Natürlich hat das Radfahren auch seine Tücken: Man ist ungeschützt den Launen von Mutter Natur, der Ungeduld anderer Straßennutzer und verachtenswerten Fahrraddieben ausgesetzt. Doch an dieser Stelle wollen wir das Negative außen vor lassen, da das Positive weit überwiegt. Radfahren ist per se sauber, umweltfreundlich, angenehm, gesellig, relativ günstig, eine schnelle Art der Fortbewegung in der Stadt und definitiv gut für Ihre Gesundheit.

Es war eine schwierige Aufgabe, die besten Bilder und Geschichten für dieses Buch auszuwählen, und ich habe dazu mein Netz weltweit ausgeworfen. Nur so konnte ich einem Thema gerecht werden, das wirklich weltweit gleichermaßen aktuell ist. Es war meine Absicht, einen flüchtigen Moment im Leben von Menschen einzufangen, die sich unglaublichen Aufgaben stellen und dabei über sich selbst hinauswachsen, und solchen, die durch sportliche Leistungen brillieren. Einige sehen ihre Aufgabe darin, das Image des einfachen, bescheidenen Fahrrads zu verbessern, indem sie alternative, manchmal künstlerische Arten der Verwendung dafür finden. Andere wiederum zeigen die humorvolle, leidenschaftliche Seite des Radfahrens und die Bedeutung, die das Fahrrad für den Menschen haben kann. Dann gibt es die Sammler, Designer, Clubs und Individualisten, für die das Rad Ausdruck ihres persönlichen Lebensstils ist oder eine Möglichkeit zum kreativen Ausdruck bietet, indem sie es ganz nach ihren Vorstellungen gestalten.

Lyndon und ich haben gemeinsam Mitteleuropa und Teile Amerikas bereist. Mithilfe weiterer talentierter Fotografen haben wir außerdem Peking, Iowa, Tennessee, Oregon, Italien und Afrika abgedeckt. Die Menschen, die wir Ihnen in diesem Buch vorstellen, sind alle wahre Fahrrad-Enthusiasten. Die Fotos sind authentisch und nicht gestellt – mit Ausnahme jener Radfahrer, die um die Welt geradelt sind. Es wäre wirklich nicht fair gewesen, sie dafür extra noch einmal auf Tour zu schicken.

So mancher Fototermin hat uns belustigt, erstaunt oder demütig werden lassen, manchmal auch alles zusammen. Dennoch kann ich aus Überzeugung sagen, dass für Lyndon und mich die Arbeit an diesem Buch ein Vergnügen war. Folglich sind wir all jenen außerordentlich dankbar, die ihre Zeit dafür geopfert haben. Denn ein Thema zieht sich wie ein roter Faden durch das ganze Buch: Radfahren überwindet Schranken und ebnet Rassen-, Geschlechts-, Alters- und Klassenunterschiede ein; das Rad ist tatsächlich ein Mittel des sozialen Ausgleichs. Ich bedaure nur, dass ich meine Schwiegermutter nie dazu bewegen konnte, das Radfahren zu erlernen. Aus irgendeinem Grund ist ihr das nie vergönnt gewesen.

Ob Sie nun ein erfahrener Allround-Radfahrer sind oder gerade erst anfangen zu radeln; ob Sie nach einer gesunden Freizeitaktivität suchen oder einer günstigeren Art der Fahrt in die Arbeit; ob Sie die Welt ganz privat und abseits ausgetretener Pfade für sich entdecken möchten oder ein Hobby suchen, bei dem Sie ganz für sich sein und den Kopf frei bekommen können im Rhythmus zweier sich drehender Räder; ob Sie es nun als Mittel des künstlerischen Ausdrucks sehen oder als Möglichkeit, neue Leute kennenzulernen und Teil einer Gemeinschaft von Gleichgesinnten zu werden – was immer Sie auch anstreben, wir möchten, dass Sie Spaß am Radfahren haben und mithilfe dieses Buches vielleicht eine neue, inspirierende und frische Sicht auf das Fahrrad gewinnen.

Fahrradfahren verbindet

Wenn man sich eingehend mit dem Thema Fahrrad befasst, erkennt man unweigerlich eine immer wiederkehrende Gemeinsamkeit: Rad fahren verbindet. Es gibt viele Gleichgesinnte, die sich mit Leidenschaft und Begeisterung auf den Sattel schwingen, und diese Leidenschaft breitet sich aus zu einer wachsenden Radkultur, aus der sich immer neue Trends herausbilden. Und jedes Mal, wenn ein Mensch zum ersten Mal in die Pedale tritt, stärkt er damit die Fahrradgemeinschaft.

Die Fahrradkultur und die Einstellung zum Radfahren sind von Ort zu Ort verschieden. Es ist offensichtlich, dass einige Orte weiter entwickelt sind als andere, etwa Amsterdam, das so tief in der Radkultur verwurzelt ist, dass der Autoverkehr sich den Ansprüchen und Rechten der Fahrradfahrer unterordnet. Für manche ist das Fahrrad mehr als nur ein Hobby. Es ist zu einer Lebensart geworden.

Die Hingabe, die Briggy in seinem Fahrradschuppen zeigt, erkennt man deutlich. Fahrräder sind zwar sein Lebensunterhalt, aber was ihn antreibt, geht viel tiefer: Es ist der Wunsch, anderen zu helfen und ihnen Zeit zu widmen. Sein Engagement lässt aus dem Schuppen etwas Größeres entstehen als eine bescheidene Fahrradwerkstatt, es macht ihn bildlich gesprochen zur Nabe eines Rades mit vielen Speichen.

Die Fahrradgeschäfte, die hier vorgestellt werden, bieten eine Servicequalität, wie man sie heute selten findet. So gibt es zum Beispiel Händler, die ein Fahrrad genau nach den Wünschen des Fahrers maßfertigen, und einen Fachmann, der das perfekte Transportvehikel für die Stadt entwirft.

Der Kameradschaftsgeist, der in Gruppen wie dem Donnerstags-Club herrscht, die sich trotz des fortgeschrittenen Alters ihrer Mitglieder weigert, im Leben einen Gang herunterzuschalten, ist inspirierend, vor allem, wenn man einen Punkt im Leben erreicht hat, an dem die meisten einen gemütlichen Sessel und ein Paar Hausschuhe einer Fahrradtour von sechzig Kilometern vorziehen würden. Dann gibt es das Fahrradkabinett, das Menschen aus allen Gesellschaftsschichten anzieht, die an einem Abend der Woche an Fahrrädern basteln wollen. Nicht vergessen werden darf auch die adrette Clique, die sich das Motto »mit Stil ans Ziel« auf die Fahnen geschrieben hat, und der Fahrradclub Brooklyn, dessen Mitglieder ihre zweirädrigen Prachtstücke hegen.

In diesem Kapitel können Sie die vielen wundervollen Facetten der Fahrradkultur entdecken, die Menschen mit Liebe zum Fahrrad zusammenführt.

Briggy's Bike Shack

»Wenn mein Schuppen anders daherkäme, wäre er nicht derselbe«, sagt Briggy, der 2002 von den Bahamas nach London zog und seine Fahrradwerkstatt »Briggy's Bike Shack« aufmachte. Mit seiner gelassenen karibischen Art führt uns Briggy durch seinen Arbeitsplatz, der alles andere als gewöhnlich daherkommt: in einer Lagerhalle, die für die Buden des örtlichen Marktes gedacht war, nur einen Steinwurf vom Bahnhof »Waterloo« entfernt.

»Ein hochmodernes Equipment darfst du hier nicht erwarten«, lacht Briggy. »Stattdessen findest du hier echte Leidenschaft für Räder. Komm her, benutz mein Werkzeug, ist alles kostenlos. Wenn ich was umsonst machen kann, mach ich es; manche haben kein anderes Fortbewegungsmittel als ihr Fahrrad. Neulich habe ich ein paar Räder aus dem Müllcontainer geholt. Ich musste gar nicht viel reparieren, um sie wieder flott zu kriegen. Und dann habe ich sie Leuten geschenkt, von denen ich wusste, dass sie welche brauchen. Schlechter Geschäftssinn, ich weiß! Doch der Lohn kommt nicht immer in Form von Geld. Bei zu vielen Menschen ist das Leben vom Geld bestimmt. Ich ziehe meine Befriedigung daraus, jemanden nach einer guten Tat auf den Weg zu schicken. Wenn man anderen Gutes tut, kommt hoffentlich irgendwann auch etwas zu einem zurück.«

Briggy repariert und verkauft so ziemlich alles, was ihm in die Hände kommt, ob vintage oder neuwertig, von Rädern mit starrer Übersetzung bis hin zu Rennrädern.

»Es gefällt mir, wenn Leute einfach bei mir hereinschneien. Mein Schuppen ist wie ein Gemeindezentrum mit Schwerpunkt Fahrrad. Die umliegenden Geschäfte spenden Mahlzeiten für die obdachlosen Besucher, die regelmäßig hier vorbeikommen und wissen, dass sie immer was zu essen und zu trinken kriegen. Mein Wort gilt. Ich habe für jeden Zeit. Alles, was ich mache, ist, Leute gut zu behandeln, indem ich ihnen Liebe und Respekt entgegenbringe. In puncto Fahrrad bin ich nicht so leicht in eine bestimmte Ecke zu stecken. Ich fahre Rennen auf semiprofessionellem Niveau. Ich lasse aber auch gern die ganze Montur weg und nehme an dem jährlich in London stattfindenden Tweed Run teil – auf meinem zuverlässigen, wenn auch bleischweren Raleigh-Bike aus den 1920ern. Es ist ein solides Gefährt und das genaue Gegenteil von meinem Carbon-Rennrad.

Ich fürchte allerdings, dass meine Tage hier gezählt sind. Es wird mir das Herz brechen, wenn ich wirklich gehen muss. Aber ich habe keinen gültigen Vertrag für diesen Schuppen. Das Viertel verändert sich, und mein Geschäft passt nicht zu den anstehenden Plänen. Man kann mir den Schuppen wegnehmen, ich werde es keinem nachtragen. Aber man kann mir nicht die Leidenschaft nehmen oder meine tiefsten Überzeugungen unterdrücken. Die gehören mir.«

Fahrradfahren verbindet .17

Fixies und Fritten

»Zuerst war ich verwirrt, dann neugierig und schließlich besessen«, erklärt Gavin Strange, Chefdesigner und künstlerischer Leiter der Digital- (oder besser Plastilinabteilung) von Aardman Animations. »Es fing an, als ein Freund ein sogenanntes Starrgangrad geliefert bekam. Ich konnte nicht fassen, wie schön dieses pastellblaue Bianchi war ohne das ganze Drum und Dran. Also ließ ich mich zu einer Probefahrt überreden und gurkte dann widerstrebend die Straße rauf und runter, mehr oder weniger starr vor Schreck. Zuerst habe ich das Fahrrad abgelehnt, weil ich damit nicht im Freilauf fahren konnte. Aber die Schlichtheit des Rads und die Möglichkeiten zur individuellen Gestaltung sprachen den Designer in mir an. Fünf Jahre später war ich bekehrt, und nun besitze ich drei kunstvolle Fixies in Topzustand, darunter ›Liberace 2: Phoenix‹, größer, besser und noch pinker als ›Liberace 1‹, das leider Dieben in die Hände fiel.

Ich bin mit dem Rad lieber gemütlich unterwegs, als dass ich weite Strecken oder gar Rennen fahre. Deshalb organisiere ich auch einen wöchentlichen Radausflug zu einer Frittenbude. Wir treffen uns alle im Zentrum von Bristol, legen eine leichte Strecke zurück und setzen uns dann auf einen Schwatz und frittierten Imbiss zusammen. So entstand auch die Idee zu ›FIXED'n'CHIPS‹, ein Straßenrennen für Starrgangräder, nur dass auch hier die Gemütlichkeit im Vordergrund steht und es um Punkte geht, nicht um Zeit. Der erste Fahrer, der eine der fünf Fritten-Stationen erreicht, bekommt zehn Punkte, der zweite neun und so weiter. Die Fahrer können aber auch an den Stationen Halt machen und einen frittierten Imbiss verschlingen, wofür es einen Bonus von fünf Punkten gibt – ein strategischer Trick, denn so gewinnt nicht unbedingt der schnellste Fahrer. Stattdessen können es alle gemütlicher angehen und an jeder Station dem Magen was gönnen.

So trage ich meinen Teil dazu bei, dass Bristols Fahrradgemeinde bunt und vielschichtig bleibt.«

Der Donnerstags-Club

»Es war einfach ein Missverständnis und keine Folge meiner Vorliebe für guten Rotwein«, grinst John Rhodes, ein ehemaliger Radrennfahrer. »Als, wie alles Gute im Leben, meine Rennfahrerkarriere zu Ende ging, bekam ich die Einladung, einem Fahrradclub beizutreten, dem Donnerstags-Club. Ich dachte erst, es ginge dabei auch ums Trinken und war ganz angetan von der Idee: Pubs, frische Luft und Fahrräder. Auf unserem ersten Ausflug allerdings, bei dem wir mehrere Kneipen links liegen ließen, stellte ich zu meiner Beunruhigung fest, dass es eine richtige Fahrradrunde war und keine verkappte Trinkrunde von Rentnern auf Rädern! Zum Glück erfuhr ich bald, dass zu jedem Ausflug wenigstens ein Pub-Besuch gehört, um uns auf die etwa 60 Kilometer langen Touren über die Landstraßen von Shropshire einzustimmen.« John ist auf einem einfachen Stadtrad unterwegs, während die übrigen Clubmitglieder ganz unterschiedliche Räder fahren, von Oldtimern bis hin zu moderneren Modellen.

»Die Mitglieder setzen sich zusammen aus ehemaligen Profi-Radsportlern und geübten Radfahrern, die alle im fortgeschrittenen Alter sind. Unser jüngstes Mitglied ist 55, das älteste 93. Mit meinen 85 Jahren bin ich also kein junger Hüpfer mehr. Ich habe aber noch viele Kilometer in den alten Beinen. Meine Frau besteht darauf, dass ich für den Notfall immer ein Handy dabeihabe. Das war auch schön und gut, bis ich eines Tages vom Rad gestürzt bin und das Handy dabei platt gemacht habe.

Wir machen alles ganz zwanglos und haben nur minimale Regeln: Nummer eins: keine Frauen (heutzutage nicht mehr politisch korrekt); Nummer zwei: donnerstags darf man sterben, aber nicht begraben werden, weil dadurch ein ganzer Fahrradtag verloren ginge.

Die Fahrradrunde ist seit ihrer Gründung im Jahr 1977 durch Eddie Shingler und Norman Hazelock erfolgreich. Leider sind beide nicht mehr unter uns, obwohl sie bis über 90 auf dem Rad saßen. Jedes Jahr an Eddies Geburtstag schenkt uns seine Tochter eine Flasche Whiskey, und wir heben das Glas im Gedenken an all jene, die die Hosenklammer für immer abgelegt haben.«

Horse Cycles

»Ich möchte, dass kein Rad dem anderen gleicht, und so gehe ich immer neue Wege im Fahrrad-Design. Die Zusammenarbeit mit dem Kunden beim Bauen seines neuen Fahrrads macht mir Spaß«, sagt Fahrradbauer Thomas Callahan von »Horse Cycles« in Brooklyn, New York. »Bevor ich Horse Cycles gründete und mit dem Fahrradbauen anfing, hatte ich nie überlegt, wo Fahrräder eigentlich herkommen und wie sie gebaut werden. Ich bin aber ein praktisch veranlagter Typ und habe gelernt, wie man sie baut. Und jetzt ist das mein Leben.«

Thomas beschreibt sich als »Berater«, der seine Kunden bei der Auswahl aller Komponenten und Designelemente unterstützt. Er nimmt von jedem Kunden etwa zwanzig Maße, lässt sich zeigen, wie er auf seinem aktuellen Fahrrad fährt, und fragt, was er daran gut und was schlecht findet. So kann Thomas jedes Rad individuell auf den Kunden abstimmen. »Die Inspiration für Horse Cycles kommt von meiner Liebe zum amerikanischen Westen und zu alten Cowboy-Filmen. Es geht darum, sich frei bewegen zu können, nicht abhängig zu sein von Autos und öffentlichen Verkehrsmitteln; einfach aufs Geratewohl losziehen zu können und den positiven Effekt auf Körper und Geist zu genießen. Ich hoffe, dass die Leute durch die Räder, die ich für sie baue, dieselbe Freude und Freiheit verspüren wie ich.«

Die Genossenschaft

In den frühen 1980er-Jahren hatte die Rezession Großbritannien und den Londoner Stadtteil Brixton im Besonderen fest im Griff. Letzterer war wiederholt Schauplatz von Krawallen – keine gute Zeit, um ein Geschäft zu eröffnen. Doch Tim, Tom und Paul waren so enttäuscht von den bestehenden Fahrradläden, dass sie beschlossen, ihren eigenen aufzumachen, einen Laden, der auf die Bedürfnisse von Fahrradfans wie sie ausgerichtet sein sollte. Nigel von »Brixton Cycles« erläutert: »1983 wurde, gefördert durch die inzwischen aufgelöste Arbeitergenossenschaft (Greater London Council), Brixton Cycles in der Coldharbour Lane eröffnet, einer Gegend, die nicht mal die fantasievollsten Immobilienmakler als aufstrebend beschrieben hätten.«

Die Anfangszeit war hart. Doch mit Unterstützung schafften es die drei durch die ersten Jahre und erarbeiteten sich den Ruf, ein ordentlicher Laden zu sein, der Qualitätsware verkauft und einen hervorragenden Reparaturservice bietet. Das Team vergrößerte sich, als Nancy zu dem Trio hinzustieß, und mit dem Fahrradboom Mitte

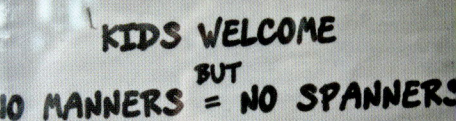
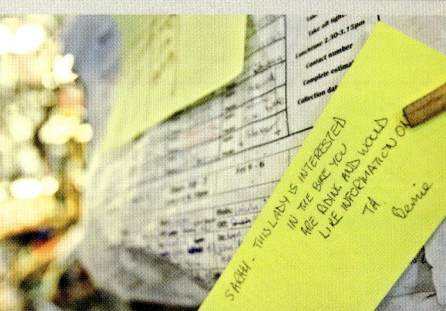

des Jahrzehnts, ausgelöst durch den Mountainbike-Hype, der aus dem sonnigen Kalifornien auch nach Europa überschwappte, ging es mit Brixton Cycles weiter bergauf. Anfang der Neunziger aber hatten drei der Pioniere sich neuen, überwiegend fahrradbezogenen, Karrieren zugewandt. Paul hielt als Einziger die Stellung, unterstützt von einem Team aus Teilzeitkräften. Später folgte die nächste Generation von Genossenschaftsarbeitern. 2001 zog der Laden um und wurde neben dem »Brixton Beach« neu eröffnet, wie die Einheimischen den Stockwell Skatepark nennen.

Nigel fährt fort: »Zurzeit arbeiten wir hier mit 13 fahrradbegeisterten Leuten. Von den Gründungsmitgliedern ist niemand mehr übrig. Paul hat in den Neunzigern das Handtuch geworfen. Es gibt kein Patentrezept für den Erfolg unseres Genossenschaftsladens; wir haben alle das gleiche Gehalt, das gleiche Mitspracherecht, die gleichen Rechte und Pflichten. Also komm nicht und frag nach einem Chef; die sind zu teuer, ineffizient, humorlos, überflüssig, und hier wirst du keinen finden.«

The Old Bicycle Company

Auf dem Land in Essex, über eine Reihe von Scheunen verteilt, findet man »The Old Bicycle Company«. Sie ist ein Schatzhaus voller Fahrradjuwelen, ein wahres Paradies für Fahrradfans. Der Eigentümer, Tim Gunn, erläutert: »Ich weiß, dass ich zu viele Räder habe. Aber kaum dass ich welche verkaufe, kriege ich schon neue angeboten.«

Tims Faszination für Fahrräder begann schon als Kind. Sein Vater war Autorestaurateur und nahm ihn oft mit zu Auto- und Fahrradausstellungen. »Vielen Sammlern fällt es schwer, ihre Sammlungen unter Kontrolle zu halten. Sie überspannen den Bogen oft, und auch ich bewege mich gerade so im Rahmen des Vertretbaren.

Meine Räder gehen zurück bis auf die späten 1880er-Jahre. Doch wenn ich mich selbst für ein Rad entscheiden müsste, würde ich eines wählen, das auf den ersten Blick wie ein herkömmliches französisches Stadtrad aussieht. Ein anderer Sammler hat es mir verkauft. Ich wusste, es ist etwas Besonderes, obwohl seine damals langweilige

Erscheinung – normaler Rahmen und Schutzblech – seine sportliche Herkunft verbarg. Es war nur so ein Gefühl, aber ich kaufte es trotzdem. Nach einigen Nachforschungen stellte ich schließlich fest, dass es das Rennrad war, das Victor Fontan in den späten 1920er-Jahren auf der Tour de France gefahren hat.«

Mit seinem starren Antrieb ist es nicht zu vergleichen mit heutigen Rennrädern. Wenn damals das Rennen bergab ging, musste der Fahrer absteigen und das Hinterrad, das mit einer Wechselnabe versehen war, umdrehen, sodass er im Freilauf weiterfahren konnte.

»Ab und zu räume ich die Scheunen mit Begeisterung aus in der festen Absicht, alles Überflüssige auszusortieren und den Rest zu katalogisieren«, so Tim. »Doch der Stapel ›behalten‹ ist immer größer als der Stapel ›wegwerfen‹, und am Ende wandert alles in die Scheunen zurück. Es heißt ja auch, ›wer hoch fliegt, fällt tief‹. Was mich zu meiner nächsten Errungenschaft bringt, einem Helikopter mit Pedalantrieb, der weiß Gott wie alt ist und auf einem Dachboden in Frankreich gefunden wurde. Den musste ich unbedingt in meiner Sammlung haben. Es ist noch etwas Arbeit nötig, bevor er einsatzfähig ist – falls er überhaupt je geflogen ist. Aber ich werde mit Freuden einen Versuch starten.«

Der Classic Riders Club

Auf ihren Jacken und Westen prangt stolz das Clublogo. Für Eddie, Präsident des Classic Riders Club, und die Mitglieder Elia, Jessy, Tacatan, Jorge, Betto, Javy und Bill verkörpert das Schwinn-Rad Stil und Tradition. Classic Riders verkehren gern in den New Yorker Clubs und flanieren auf ihren tadellos restaurierten Oldtimern oder aufgeputzten Rädern durch die Stadt. Zu deren aufwendiger Ausstattung gehören ungewöhnliche Details wie Hupen, Klingeln, Wimpel und sogar Radios.

Die Firma Schwinn wurde 1895 in Chicago gegründet und hat seither viele innovative Fahrraddesigns hervorgebracht, zum Beispiel das stromlinienförmige »Aerocycle« und das »Spring Fork«. Eine solche Oldtimer-Marke würde man nicht unbedingt Latinos zuordnen, doch Eddie erläutert: »Die Puerto Ricanische Gemeinde von New York schätzt die alten Schwinn-Räder sehr. Das geht schon zurück auf die Zeit, als wir noch in Puerto Rico gelebt haben, wo es früher eine Schwinn-Fabrik gab. Diejenigen, die sich ein Fahrrad leisten konnten, kauften sich also ein Schwinn-Rad. Als wir dann in die USA kamen, nahmen wir unsere Räder mit und zeigten sie alljährlich auf dem Umzug der Puerto Ricaner. So wurde das Rad allmählich Teil unserer Tradition.«

Das Fahrradkabinett

»Montags ist Projektabend und die Zeit für allerhand Fahrrad-Tricksereien«, erzählt Bill. Anders als der Name vermuten ließe, sind er und seine Mitstreiter jedoch keine Regierungsmitglieder, im Gegenteil. »Ich möchte mal die Regierung sehen, die das hier erfolgreich regelt«, grinst Bill. »Die Montagabende sind eine Mischung aus Machoritualen und Bastelei am Fahrrad, und das alles in der ungezwungenen Atmosphäre des ›Schuppens‹, wie wir unsere Werkstatt nennen. Der war früher das Atelier meines verstorbenen Vaters. Er war Bildhauer und hat tolle Kunstwerke geschaffen. Aber nicht nur er, auch meine Mutter hat eine ausgeprägte künstlerische Ader; sie ist eine erfolgreiche Malerin. Wahrscheinlich hat das dazu beigetragen, dass mein Bruder George und ich Spaß daran fanden, derart monströse Unikate zusammenzuschustern. Dafür verwenden wir Rahmen

und Teile, von denen der Schuppen überquillt. Die Leute, die ins Kabinett kommen, stammen aus unterschiedlichen Schichten, von Punks wie Paul und Davey, die hier um die Ecke wohnen, über einen Justizangestellten, Gastechniker, Elektriker und Programmierer bis hin zu einem Gutachter, Designer und Kampfsportlehrer. Das verbindende Element ist die Liebe zum Zweirad ohne Motor. Montagabends geht es hier rund: Räder neu einspeichen, anpassen, Ersatzteile einbauen und natürlich auch Rahmen zusammenschweißen, bis die stolzen Monsterräder fertig sind.«

Eines Abends wurde der Plan ausgeheckt, etwas zu bauen, das inzwischen verschiedene Namen trägt: »Kessel des Leids«, »Radwand des Todes« und »Bomberdrom«. Wie man es auch nennt, die mit Holzlatten beschlagene, im Durchmesser fast zehn Meter große Todesfalle für Pedaltreter ist nichts für schwache Nerven. »Dein Kopf sagt dir: Lass es! Lass es einfach sein! Trotzdem ist es ein spannendes Resultat unserer Montagabende.«

Der umgekehrte Fahrradladen

»Wir sind langsam weithin bekannt als der ›Umgekehrte Fahrradladen‹. Nachdem ich jahrelang vor dem Computer gesessen und in einer virtuellen Welt gebaut habe, wurde mir eines Tages schlagartig klar, dass ich wieder mit den Händen arbeiten muss«, bekennt der Architekt Joseph Nocella von 718 Cyclery in Brooklyn, New York. »Du suchst dir bei uns kein Rad aus, an das du dich anpassen musst, vielmehr ist es umgekehrt. Durch Gespräche wird eine Blaupause erstellt aus deinen Wünschen und individuell für dich geeigneten Komponenten, um dann ein Fahrrad zu bauen, das dir angepasst ist.«

Dazu gehört auch, dass auf einem speziellen Fahrradsimulator namens ›Calfee Size Cycle‹ verschiedene Maße genommen und die einzelnen Komponenten genau ausgewählt werden. Das ist ein Prozess, der den Kunden von Anfang bis Ende mit einbezieht.

»Dann geht es ans Zusammenbauen. Auch daran kann der Kunde teilhaben und die Entwicklung seines Rades mitverfolgen. Das ist mehr als ein Fahrradkauf, das ist ein Erlebnis.«

Die Fahrrad-Bibliothek

»Die Fahrscheine, bitte! ›Maggie‹ ist nicht nur inspirierend und vielseitig verwendbar für meine Modelinie und meine Fahrräder. Nein, mein geliebter 1980er Metrobus hat auch einen klaren Vorteil: Er ist mobil«, erläutert der Industriedesigner Karta. »Der Bus ist ein einzigartiger Verkaufsstand, mit dem ein konventioneller Laden nicht mithalten kann. Wenn es die Umstände verlangen oder uns nach einem Ortswechsel zumute ist, packen wir einfach zusammen und ziehen mit Haus und Hof um.« Karta, der ursprünglich aus Portland, Oregon kommt und jetzt in London lebt, kann mit ausgeklügelten Design-Lösungen für den modernen urbanen Radfahrer aufwarten.

»Was sollte eine Bibliothek bieten? Sie sollte ein Ort sein, an dem man seinen Horizont erweitern und recherchieren kann, an dem man etwas Neues lernt, um eine sinnvolle Entscheidung treffen zu können. Die Fahrrad-Bibliothek verkörpert diese Philosophie. Gegen eine geringe Gebühr kannst du ein Fahrrad aus unserem Sortiment leihen, wobei wir dir helfen, eine zweckmäßige Wahl zu treffen. Wir haben sieben verschiedene Fahrradtypen zur Auswahl: Klapprad, Minivelo, Eingangrad mit starrem Antrieb, Damen- oder Herrenrad mit Rücktritt, Lastenrad und Elektrorad. Leider gehen viele Kunden zum Fahrradkauf einfach in den nächsten Industriepark und suchen sich dort irgendetwas aus. Doch nur wenn man die richtige Wahl trifft, hat man Freude an seinem Rad.

Mein Modelabel ›TWO n FRO‹ bietet eine große Auswahl an Fahrradkleidung und Zubehör. Ich verbringe jedes Jahr Monate in Shenzhen in China, wo ich eine Werkstatt habe, in der wir handgefertigte Produkte aus recycelbaren Stoffen wie Kevlar, Bootssegel, Fallschirmseide und Bambus herstellen.

Mein eigenes Rad? Nun ja, nach einigem Ausprobieren fahre ich ein Rad mit Bambusrahmen und starrem Gang, das ich wegen seiner Wendigkeit auf Londons Straßen am meisten schätze.«

Chopperdome

Der Chopperdome ist ein Mekka für Amsterdamer, die einen Chopper, ein tiefergelegtes oder maßgefertigtes Fahrrad suchen. Die Retro-Chopper mit ihrer verlängerten Gabel und dem nach hinten geneigten Sitzrohr, aus denen sich die klassische *Easy Rider*-Haltung ergibt, sind in Amsterdam sehr beliebt. Auf dem flachen Land ist das zusätzliche Gewicht kein Hindernis, und mit diesen Rädern können hohe Geschwindigkeiten gefahren werden.

Sargent & Co.

»Ich habe das 1951er Hobbs-Rennrad im Garten eines Freundes im Gestrüpp gefunden«, erzählt Rob kopfschüttelnd. »Ich sah, dass es Potenzial hatte, verhandelte mit meinem Freund und tauschte es gegen ein Dreigangrad ein. Ich baute das Rad sorgfältig auseinander, um es zu restaurieren. Doch dann ließ ich mich ablenken, die Unabhängigkeit lockte, und es war Zeit, von zu Hause auszuziehen. Das Rad, immer noch zerlegt, blieb im Schuppen meiner Eltern zurück. Einige Jahre später setzte meine Mutter mir ein Ultimatum: ›Der Schuppen ist eingestürzt; wenn du das Rad noch haben willst, dann komm schnell und hole es.‹

Als ich es schließlich schaffte, zu ihr zu kommen und das Rad aus seinem Holzgrab zu exhumieren, hatte meine Mutter schon viele Teile weggeworfen, obwohl sie es bis zum heutigen Tag bestreitet. Von da an folgte mir das Rad die nächsten dreißig Jahre lang überall hin. Ich konnte mich nicht davon trennen, obwohl es nicht einmal im Ansatz fahrtauglich war. Bei jedem Umzug wurde es mit zusammengepackt.

Ein Freund führte mich in die Vintagerad-Szene ein. Mit seiner Hilfe machte ich das Rad wieder flott. Damals war ich Fotokünstler, und nach drei wunderbaren Jahren in der

Dunkelkammer merkte ich, dass es Zeit für einen Richtungswechsel war und ich weniger Künstler und mehr ›Kunsthandwerker‹ sein wollte. Mein Interesse an Vintagerädern und am Fahrradfahren stieg, und so kam ich auf die Idee, mir einen Laden zuzulegen, in dem ich inmitten meiner wachsenden Fahrradsammlung wohnen kann, und das, was ich liebe, zu meinem Beruf zu machen. Es blieb zunächst nur ein Traum, bis eine Reihe von Zufällen, darunter eine Zwangsräumung, die Sache ins Rollen brachte. Und so entstand Sargent & Co.«

Rob ist inzwischen berühmt für seine bedeutende Sammlung einzigartiger Vintage-Rennräder mit Stahlrahmen von den besten Fahrradbauern der Welt, alle mit wunderschönen historischen Details.

»Für mich kommt die Sprache der Fahrräder ganz klar in ihren handgefertigten Rahmen zum Ausdruck. Man kann sehen, welche Kunst in den Rädern steckt, man erkennt feine Unterschiede, die die meisten gar nicht bemerken. Von der Gabel bis hin zu der Detailarbeit an den Muffen – überall sieht man die Handschrift des Fahrradbauers. Mein Hobbs-Rad gehört nun, wie viele andere Räder, zu meiner ›unverkäuflichen‹ Sammlung, die von der Ladendecke hängt wie eine Stahlversion der Hängenden Gärten von Babylon.«

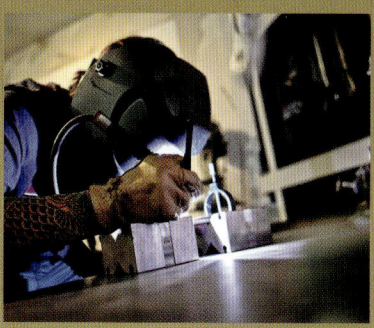

Benjamin Cycles

»Ich führe ein kleines Geschäft namens ›Benjamin Cycles‹, das auf maßgefertigte Stahlrahmenräder spezialisiert ist, hier in Brooklyn, New York«, erklärt Ben Peck. »Meine Fahrräder und meine Art zu designen sind beeinflusst von den Museen und modernen Kunstgalerien, die ich oft besuche. Meine Rahmen sind graviert, keiner ist wie der andere. Bei jedem Fahrrad, das ich baue, versuche ich, etwas wirklich Schönes und Innovatives herzustellen. Ich habe ganz zufällig als Junge mit dem Radfahren angefangen und bin nie wieder davon abgekommen. Ich fahre heute noch genauso gern Rad wie mit fünf.

Für mich war Fahrradfahren nie ein Lifestyle. Ich fahre nicht, um gesund zu bleiben, obwohl es sicher die Gesundheit fördert. Ich fahre nicht, um an Rennen teilzunehmen und Pokale zu gewinnen, obwohl ich die verstehe, die es tun. Ich fahre nicht, um die Umwelt zu schützen, aber es ist toll, dass ich es tue. Ich fahre nicht, weil ich den Verkehr hasse. Um ehrlich zu sein, stört er mich nicht weiter, vor allem, wenn ich ihm mit Leichtigkeit ausweichen kann. Ich fahre nicht, weil ich Autos hasse. Mann, ich wünschte, ich hätte ein 1966er Lincoln Continental Cabrio. Ich fahre Rad, weil ich dadurch die Welt in langsamerem Tempo erleben und wieder Kind sein kann.«

Ichi Bike

»Ich liebe Kunst, Räder, Tattoos, die Banausen- und auch die Snobkultur. Wenn ich mit Hippies abhänge, spiele ich Punkrock, wenn ich mit Punks herumhänge, Hippiemusik. Ich bin ein Mann der Gegensätze. Als Kind in Iowa sehnte ich mich nach der kalifornischen Lebensart«, erläutert Daniel Koenig, der maßgefertigte Vintageräder baut. 1983 zog Daniel nach Kalifornien. Ein Jahr später kam er zurück, nachdem er der »coolen« Lebensart eine Weile ausgesetzt war. Er ging wieder zur Schule und kehrte anschließend zurück nach Kalifornien, wo er ein »Punkrock-Fahrradkurier« wurde. Danach zog er nur mit Rucksack, Skatebord und Fahrrad nach Maui, im Anschluss daran nach San Francisco, dann nach Barcelona und schließlich nach Amsterdam. Nach seinen Nomadenjahren ließ Daniel sich in San Francisco nieder und arbeitete für die Tattoo-Legende Ed Hardy. In diesen lebensbejahenden Jahren spielten Fahrräder für ihn eine wichtige Rolle.

»1997 ging ich voll tätowiert nach Iowa zurück und machte mein eigenes Tattoo-Studio auf. Als der Erfolg kam, ließ ich es richtig krachen. Es folgten ein paar turbulente Jahre. Doch mit entsprechender Unterstützung bekam ich mein Leben wieder in den Griff. Und

2005 schließlich war alles wunderbar. Ich bekam einen Sohn, Isaac, eine Stieftochter, Helen, heiratete meine Seelenverwandte, Amy, und suchte ein neues Wirkungsfeld, auf dem ich mich ausdrücken konnte.«

Daniels Fahrrad-Begeisterung wuchs mit der Menge an Fahrrädern, die er für andere maßfertigte. Um der Sache einen Namen zu geben, gründete er »Ichi Bike«. »Mein Kerngeschäft sind Fahrräder im Stil von Rat Rods«, so Daniel. »Wie Ratten ihr Futter, sammle ich Fahrräder aus dem Müll und mache sie wieder verwendungsfähig.

Ich verstehe nicht, dass Leute so achtlos mit Dingen umgehen können, die früher einmal ihr ganzer Stolz waren. Sie verlieren damit auch alle damit verbundenen Erinnerungen. Natürlich gibt es klare Kriterien, nach denen ein Rad als verkehrstüchtig gilt. Und es gibt einen Augenblick im künstlerischen Prozess, an dem das Rad mir sagt, jetzt ist Schluss.«

Daniel hat keine Lieblingsmarke. Wenn er Potenzial in einem Fahrrad sieht, sei es ein Retro-, Oldtimer- oder Vintage-Rad, wird er sein Bestes tun, um ihm neues Leben einzuhauchen. So hat Daniel Gelegenheit, in kleinem Rahmen am Leben eines anderen Menschen teilzuhaben durch etwas, das dieser Mensch einmal sehr geschätzt hat. Dabei bringt Daniel neue Räder hervor, die für ihn wie eine weiße Leinwand sind – bereit, mit neuen Erinnerungen bemalt zu werden.

Star Bikes Café

Eine Auswahl an Fahrrädern im Stil des traditionellen Hollandrads gibt es im Star Bikes Café zu mieten. Hier können Besucher aus erster Hand die einzigartige Fahrradkultur Amsterdams erleben.

Pashley Guv'nors

Die »Guv'nors' Assembly« ist eine Gruppe gleichgesinnter Fahrradfans mit einer Vorliebe für Pashley Guv'nor-Räder. Sie veranstaltet ganzjährig Radtouren, bei denen es für gewöhnlich auch um das eine oder andere Bier geht. Neonbuntes Lycra wird dabei nicht gern gesehen, traditioneller Tweed dafür umso lieber, ganz nach dem Motto »mit Stil ans Ziel«.

Das Pashley Guv'nor ist die moderne Version eines Oldtimers mit Stahlrahmen aus den 1930er-Jahren. Das Rad gibt es nur in der Farbe Buckingham Black mit handgefertigten Ledergriffen und einem Brooks-Ledersattel. Immerhin weist es zeitgemäße Zutaten wie Trommelbremsen und auf Wunsch auch eine Dreigang-Nabenschaltung auf. Die Besitzer versehen ihr Guv'nor gern mit individuellen Merkmalen wie einem »Schutzblech« aus Eschenholz.

Kwikfiets

»Es stimmt schon, ich bin tatsächlich in gewisser Weise in die Fußstapfen der Gebrüder Wright getreten, die, wie es der Zufall will, auch eine Fahrradwerkstatt hatten.« So spricht Willem, Freidenker und Inhaber des Fahrradladens Kwikfiets in Amsterdam. Auch Willem hat den Traum vom Fliegen. Verborgen im Keller des Fahrradladens steht sogar ein erster Entwurf eines Flugobjekts. Man könnte es als Spaßprojekt auffassen, doch Willems eiserne Entschlossenheit spricht eine andere Sprache.

»Kwikfiets ist kein typischer Fahrradladen«, erklärt Willem. »Wir zielen nicht auf Touristen ab und vermieten auch keine Fahrräder wie so viele andere. Wir sind eher ein lockerer, entspannter Treffpunkt für Fahrradfans, die ihre Kreativität im Bereich Kunst, Musik und Denken hier unorthodox zum Ausdruck bringen können.«

Willems Lieblingsrad ist ein altes Gazelle Mohawk, gebaut von Royal Dutch Gazelle, Hollands berühmtestem Fahrradhersteller. Das Rad hat eine ungewöhnliche Rahmenform, die Willem durch einen Rennlenker und anderes Zubehör ergänzt hat. »Ich habe kaum feste Regeln. Konformität bedeutet Beschränkung, und das passt nicht zu meiner Lebensphilosophie. Man muss mich und Kwikfiets wirklich so nehmen, wie wir sind. Radfahren, so wie ich es auf meinem 1935er Mohawk in Amsterdam praktiziere, steht für weit mehr als Kultur, es ist das Leben.«

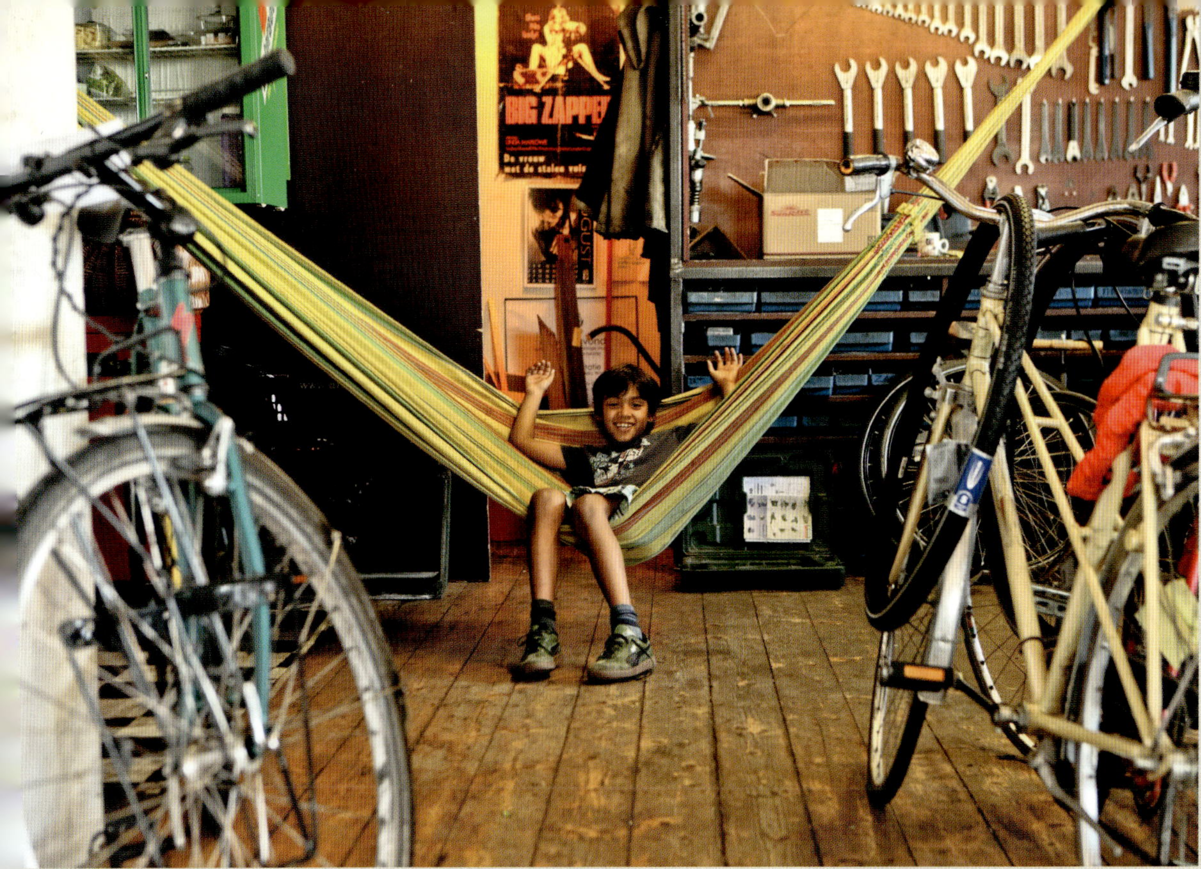
BIG ZAPPER

KWIK FIETS
GOOD COP NAUGHTY COP
TANDEMCONCERT
BEWILDERING BICYCLE JOURNEY
VRIJDAG 14 OKTOBER VANAF 21:00
KWIK FIETS festival

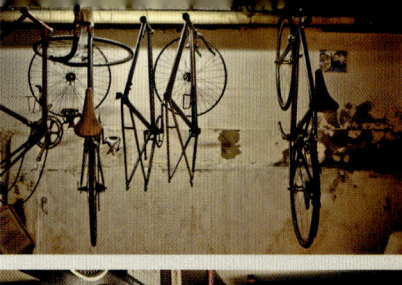

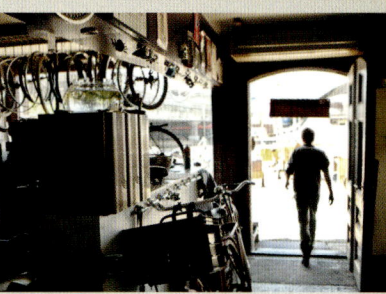

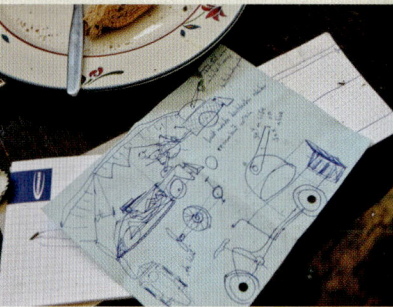

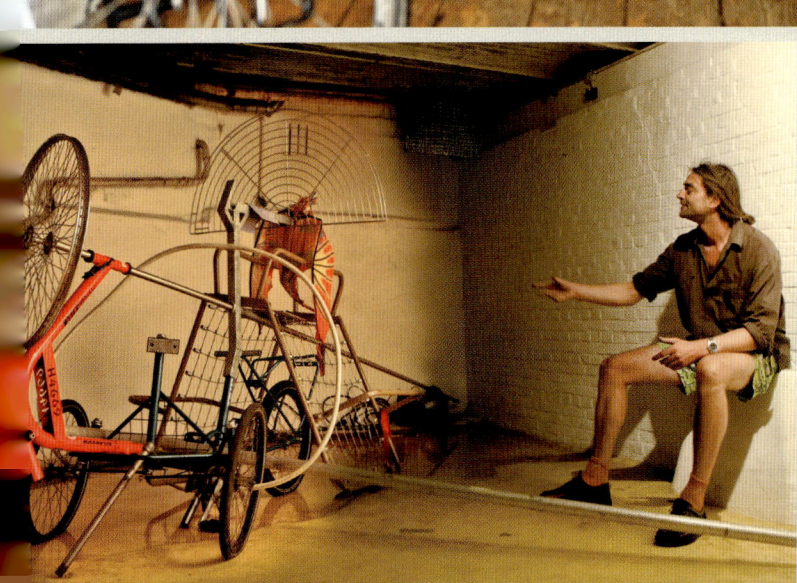

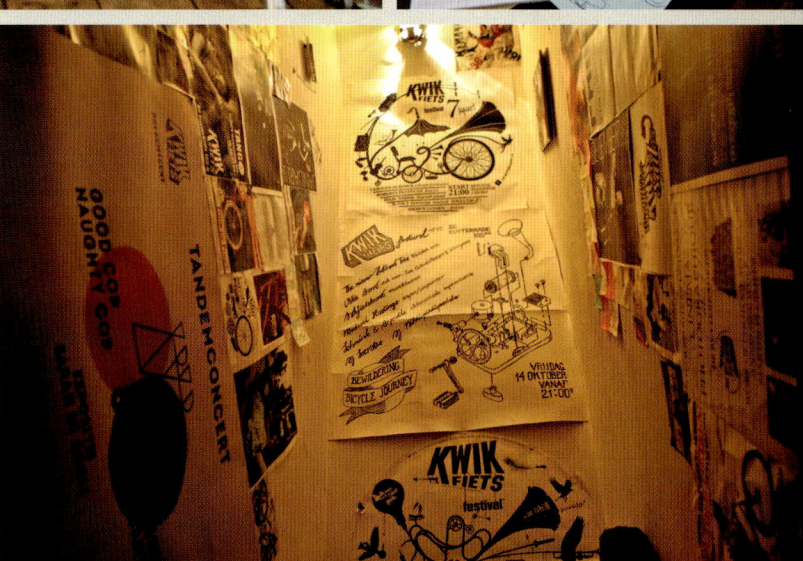

Burning Man

»Burning Man« bezeichnet ein jährliches Kunstevent in der Black-Rock-Wüste in Nevada, bei dem man Teil einer einwöchigen, experimentellen Gemeinschaft von mehr als 48 000 Menschen werden kann. Das Fahrrad ist dabei nicht nur ein wichtiges Fortbewegungsmittel, sondern auch eine besondere Art des radikalen künstlerischen Ausdrucks, der so exzentrische, innovative Formen annimmt wie das Fischrad oder das Raketenwerferrad.

The Bikerist

»Ich portraitiere in Paris lebende Fahrradfahrer mit dem Ziel, ihren persönlichen Stil und ihre Geschichte einzufangen. Sie bekommen kein Make-up oder Styling, sondern kommen so ins Studio, wie sie an einem ganz normalen Tag aussehen, wenn sie mit dem Rad unterwegs sind«, erzählt Jérémy Beaulieu, auch bekannt als »The Bikerist«.

»Die meisten genialen Einfälle habe ich auf dem Rad«, lächelt Etainn Zwer (Bild oben), freiberufliche Werbetexterin aus Paris, die sich selbst als »Wortfängerin« beschreibt und für Jérémy Modell steht. »Für mich geht es beim Radfahren um Gleichgewicht, Rhythmus und Struktur. Es ist genau wie beim Schreiben.«

Etainn hat ihr Rad mit dem Cinelli-Lenker und den Mavic-Reifen in einem Trödelladen entdeckt, sich in seine Farbe verliebt und es »Leroy« getauft nach einer burlesken Figur, die sie einmal gespielt hat.

En Selle Marcel

Bruno Urvoy ist der Inhaber von »En Selle Marcel« in Paris. Das breite Sortiment an Fahrrädern, von Bianchi bis hin zu Brompton, Vintage-Modelle und ein Maßanfertigungsservice sowie die tolle Auswahl an Zubehör macht Brunos Laden zu einem beliebten Ziel für den anspruchsvollen Radfahrer.

Lock 7

Lock 7 ist das erste Fahrrad-Café in London, ein radfahrerfreundlicher Ort, an dem man essen, trinken ... und sein Rad überholen lassen kann. Auch werden eine Anzahl an neuwertigen und alten Retrorädern in unterschiedlicher Ausführung angeboten. Die Gründer des Cafés, Kathryn Burgess und Lee King, sagen: »Wir sehen unsere Aufgabe darin, Leute aufs Rad zu kriegen, Freude mit ihnen zu haben und etwas zu bewirken.« Das Paar, das zuvor als Forensiker für die Polizei tätig war, will außerdem »Jargon und Attitüden« aus der Radwelt beseitigen.

Fahrradhof Altlandsberg

Peter Horstmann, Inhaber eines Fahrradladens in Brandenburg nahe bei Berlin, hat den traditionellen Weg der Werbung umgangen und dafür die Fassade seines Ladens mit Schrotträdern geschmückt, deren Anzahl mit jedem schrottreifen Rad wächst. Es sind bereits über hundert.

Exceller Bikes

Brügge ist eine Stadt, in der das Fahrrad oft als selbstverständlich angesehen wird, als reiner Zweckgegenstand und nicht als etwas, mit dem man seinen persönlichen Stil zum Ausdruck bringen kann. Christian Campers hat nach einer Karriere in der Schmuckindustrie beschlossen, das zu ändern. Er hat sich einen Traum erfüllt und »Exceller Bikes« gegründet, eine Rad-Boutique, die auf edelste Fahrräder und erstklassiges Zubehör spezialisiert ist.

Weil ich es kann

»Weil ich es kann!« Diese selbstbewusste Antwort höre ich oft auf die Frage nach dem Warum, die ich gern stelle, nachdem ich aus erster Hand die Geschichten von beherzten Menschen gehört habe, die vor Herausforderungen nicht zurückschrecken, sondern sie als Hindernisse betrachten, die es zu überwinden gilt.

Die meisten Menschen werden, wenn sie die Stützräder los sind, ihr Leben lang Freude am Fahrradfahren haben. Einigen jedoch genügt das nicht. Sie haben einen außergewöhnlichen Leistungshunger, der gestillt werden will.

Man kann sich das Ausmaß der Herausforderungen – in sportlicher wie physischer und psychischer Hinsicht –, das die in diesem Kapitel vorgestellten Radfahrer auf sich genommen und gemeistert haben, kaum vorstellen. Ein Olympionike aus einer Ära, die weder die technologischen noch die wirtschaftlichen Möglichkeiten der modernen Zeit bieten konnte, kannte nur einen Weg zum Erfolg, und das war schiere Willenskraft. Wir haben einen modernen Abenteurer getroffen, der es mit der ganzen Welt aufnahm und als Sieger hervorging, und einen Langstreckenfahrer, der mit seiner Reise um die Welt die Messlatte ein ganzes Stück höher legte und dafür ein Rad benutzte, das bei allen nur ungläubiges Staunen hervorrief. Und schließlich waren wir in der Toskana bei einem Amateurradrennen, das eine geschätzte Ära des Radsports wiederaufleben lässt.

Von Spitzensportlern der Zukunft, die ein historisches Velodrom, das schon Stätte olympischer Erfolge war, zum Training für sportliche Spitzenleistungen nutzen, bis hin zu Vorbildern für modernen Freizeitsport, in diesem Kapitel stellen wir Ihnen Menschen vor, die auf ihre Art bis an die Grenzen des Radfahrens und darüber hinaus gehen. Diejenigen von uns, die dieses Verlangen nicht haben, können sich einfach entspannt im Sessel zurücklehnen und diese Leistungen aus der Ferne bewundern. Doch wir können träumen und uns eines Tages vielleicht selbst einer Herausforderung stellen. Und auf die Frage nach dem Warum antworten dann auch wir: »Weil ich es kann!«

Der Mann, der mit dem Rad die Welt umrundete

»Drei Fahrradcomputer, GPS, Logbuch, Fotos und 500 Kilometer extra musste ich aufwenden, um Strecke und Entfernung idiotensicher belegen zu können und die Juroren von Guinness World Records zufriedenzustellen«, erläutert Mark Beaumont, der am 5. August 2007 zu einem langen Abenteuer aufbrach, das Körper, Geist und Rad alles abverlangte. Das Abenteuer: einer der weltgrößten Ausdauerrekorde, die Umrundung der Welt auf dem Rad. Das Ziel: den bestehenden Rekord von 276 Tagen um achtzig Tage zu verkürzen.

»Mit zwölf Jahren machte ich mit meiner Familie eine Radtour quer durch Schottland, mit 15 eine Solo-Tour von John o'Groats nach Land's End. Weitere Langstreckentouren und ein Universitätsstudium folgten. Aber meine Sehnsucht war immer der richtig große Trip: die Fahrt um die Welt.«

Die Welt mit dem Rad zu umrunden, ist an sich schon eine beachtliche Leistung. Dabei auch noch einen Zeitrekord brechen zu wollen, die Uhr gegen sich und nicht den Luxus einiger freier Tage zu haben, um wieder Energie zu tanken oder die Landschaft in sich aufzunehmen, verdient echte Bewunderung. Für die meisten bleibt ein solches Unterfangen nur Gedankenspielerei, doch für Mark war es die Erfüllung eines Traums. Ein robustes Fahrrad ist dabei ebenso von entscheidender Bedeutung wie eine angemessene Ernährung: Energiezufuhr = Energieverbrauch. Ein Team von Sportwissenschaftlern der Universität Glasgow berechnete, dass Mark für eine Tagesetappe von 160 Kilometern täglich 6000 Kalorien zu sich nehmen muss. Das für die Reise ausgewählte Fahrrad war ein spezielles Modell von Koga Miyata mit schmutzabweisender Rohloff-Nabenschaltung, ein maßgefertigtes Rad, das leicht und bequem genug für eine Weltumrundung ist und von vielen Langstreckenfahrern bevorzugt wird. Fünf Fahrradtaschen boten

Platz für 25 Kilogramm sorgfältig ausgesuchtes Gepäck, darunter eine Campingausrüstung, Werkzeug und Kameras. Mit dieser Ausrüstung brach Mark in Paris auf. »Man könnte meinen, die letzten Augenblicke vor dem Aufbruch wären hart, wenn man Familie und Freunden Lebwohl sagt. Aber nach Monaten der Planung und vor einer Reise von sieben Monaten bekommt man einen Adrenalinstoß. Alles, woran man denkt, ist: Los!«

Die erste Etappe führte von Paris nach Istanbul, 3500 Kilometer in 22 Tagen. »Am Anfang machte ich mir Sorgen um meine physische Verfassung. Wie bei jeder Langstreckentour muss man voll fokussiert sein und darf sich nicht ablenken lassen. In neun Tagen gab es allein drei Löcher im Reifen und zwei gebrochene Speichen! Da sorgte ich mich dann eher um das Fahrrad.«

Die zweite Etappe bestand aus 8800 sorgfältig geplanten Kilometern durch die Türkei, Iran, Pakistan und Indien. »Das war der gefährlichste und schwierigste Abschnitt der Reise. In Unruhegebieten fuhr ich mit Polizeieskorte. Statt im Hotel oder Zelt schlief ich zu meiner eigenen Sicherheit in Gefängniszellen. Auch der Ramadan war hart für einen Vegetarier, der konstant Kalorien aufnehmen muss. Unverständliche Straßenschilder machten das Kartenlesen zu einer Herausforderung. Man kam nur weiter, indem man Symbole auf Karte und Straßenschildern miteinander verglich.« Die dritte Etappe führte durch Thailand und Malaysia nach Singapur. »Ich musste mein 160-Kilometer-Pensum pro Tag unbedingt einhalten. Alles, was darunter lag,

hätte zu einer tage- wenn nicht wochenlangen Verzögerung geführt.« Die vierte Etappe führte quer durch Australien. »Endlose, gerade Straßen und heftiger Gegenwind.« Die fünfte Etappe: Neuseeland! »22 500 Kilometer sind geschafft.« Die sechste Etappe führte von San Francisco nach Florida. »Anfangs hielt ich das für die leichte Strecke. Doch auf den vielbefahrenen Straßen entwickelte sich eine ganz andere Dynamik. In Louisiana überfuhr ein Auto eine rote Ampel und nahm mich auf die Motorhaube. Das Rad überlebte es, aber ich war ganz schön gebeutelt. Aus Unwissenheit checkte ich in ein Motel im falschen Stadtviertel ein und wurde ausgeraubt.« Die siebte Etappe führte von Lissabon zurück nach Paris. »Amerika lag hinter mir und die Ziellinie gedanklich in Greifweite, auch wenn ich immer noch 2000 Kilometer vor mir hatte. Das spornte mich so an, dass ich die ganze Etappe wie einen Zielsprint zurücklegte.«

Als Mark die Ziellinie am Arc de Triomphe überfuhr, wurde ihm seine Leistung erst bewusst. Er hatte sich seinen Traum erfüllt und als schnellster Radfahrer seiner Zeit die Erde umrundet. Insgesamt hatte er 1500 Stunden auf dem Sattel gesessen und 29 446 Kilometer in 194 Tagen und 17 Stunden zurückgelegt und damit den bestehenden Weltrekord um 82 Tage unterboten.

»Ich habe den Rekord stolze zweieinhalb Jahre gehalten. Ich hatte Glück, da ein paar spätere Rekordversuche aufgrund fehlender Nachweise nicht anerkannt wurden. Jetzt siehst du, warum ich so einen Aufwand betrieben habe.«

Weil ich es kann .63

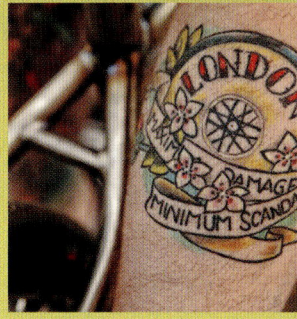

Radpolo

Die London Hardcourt Bike Polo Association (LHBPA) – der Londoner Verband für Hartplatz-Radpolo – wurde gegründet, um diesen rauen Sport in ganz London zu fördern und mehr Aktive dafür zu gewinnen. Die London Open sind inzwischen eine fest etablierte Meisterschaft im Radpolo-Kalender. Jedes Jahr nehmen über 80 Mannschaften aus mehr als 15 Ländern teil. Es gibt Herren-, Damen- und gemischte Teams. Jedes Rad ist zugelassen, solange es wenigstens eine Bremsvorrichtung aufweist. Ein Eingangrad mit Rücktrittbremse zum Beispiel kann benutzt werden. Es darf außerdem keine scharfen Kanten oder andere gefährliche Teile haben. Außerdem darf es nicht so umgerüstet sein, dass es den Ball blockiert.

»Ich wurde 1920 als Sohn britischer Eltern in Bridgeport, Connecticut, geboren. Es war eine glückliche Zeit, bis die von 1928 bis 1932 dauernde Depression uns zwang, zurück nach England zu ziehen. Mein Vater, Charlie, ein leidenschaftlicher Sportler, trieb mich unermüdlich zu sportlichen Leistungen an; er lebte indirekt durch mich seine Träume aus«, erläutert Tommy Godwin, doppelter Bronzemedaillengewinner im Radrennen bei der Olympiade 1948.

»Mit 14 ging ich von der Schule ab und wurde Laufbursche für einen Lebensmittelhändler. Mit vollbeladenem Fahrrad 25 Kilometer am Tag zu fahren, hielt mich fit und weckte mein Interesse am Radfahren, das noch verstärkt wurde durch die Sportberichte von den Olympischen Spielen 1936. Bei einem Sportfest, an dem konkurrierende Lebensmittelhändler gegeneinander antraten, feierte ich meinen ersten Triumph. Da ich kein eigenes Fahrrad besaß, borgte ich mir eins und hatte nur einen Tag Zeit, um damit das Sprinten zu üben. Es war ein Starrgangrad, mit dem ich mich nicht auskannte. Und so stürzte ich gleich kopfüber über den Lenker. Obwohl ich noch meine Wunden leckte, nahm ich an dem Rennen teil und kam am Ende als Dritter ins Ziel. Als Preis bekam ich eine kleine Stoppuhr.

Durch die langen Schichten für den Lebensmittelladen kam das Radfahren auf Dauer viel zu kurz. Also fing ich bei BSA – der Birmingham Small Arms Company – an, die zufällig auch ein Sportfest abhielt. Ich nahm an den Radrennen teil, aber es lief nicht gut, woran unter anderem mein ungeeignetes Rad schuld war. Mein Vater aber meinte: ›Mach ein paar Monate, was ich dir sage, und ich kaufe dir ein Rennrad.‹ Das war eine große Sache, wenn man bedenkt, dass ein Fahrrad damals zwei Wochenlöhne gekostet hat. Danach folgte ein rigoroses Trainingsprogramm. Von da an gewann ich jedes Rennen, an dem ich teilnahm.«

Der Olympionike

Tommy wurde zu den Vorausscheidungen für die Olympischen Spiele von 1940 eingeladen und gewann 1939 das BSA-Zeitrennen über 1000 Meter. Leider wurden aufgrund des Zweiten Weltkriegs die Olympischen Spiele abgesagt.

»BSA war ein wichtiger Waffenlieferant, daher wurde ich nie eingezogen und konnte weiter Rad fahren. Es war auch die Zeit, in der ich meine Frau Eileen kennenlernte und heiratete. 1946 wurde beschlossen, die Olympischen Spiele 1948 in London (die »Hungerspiele«) auszutragen. Ich nahm erfolgreich an den Vorausscheidungen teil. Mit meinem BSA-Rad, das ich bis zum heutigen Tag habe, und gestärkt durch das frittierte Frühstücksfleisch meiner Mutter, gewann ich im Herne Hill Velodrom Bronze im Tausend-Meter-Einzelzeitfahren und in der Viertausend-Meter-Mannschaftsverfolgung. Als ich das Einzel-Bronze gewann, fiel mein Vater mit Freudentränen auf die Knie. Der Stolz, den er empfand, lässt sich nicht leicht in Worte fassen. Seine Reaktion damals treibt mir auch jetzt noch die Tränen in die Augen.

Am Montagmorgen war ich wieder bei der Arbeit. Kein Heldenempfang, nur ein: »Gut gemacht, du hast eine Medaille gewonnen. Und jetzt an die Arbeit.« Heute, im Alter von 91 Jahren, kann ich mit Stolz auf meine Leistungen zurückblicken. Seit dem Ende meiner Sportlerkarriere habe ich mein Bestes getan, um dem Sport etwas zurückzugeben. 2012 hatte ich die Ehre, Botschafter der Olympischen Spiele in London zu sein, und nahm am olympischen Fackellauf teil. Immer wenn ich niedergeschlagen bin, schaue ich mir meine Medaillen an und denke zurück an die wundervollen Zeiten, die ich erlebt habe. Ich empfinde so viel Dankbarkeit für das Leben. Wenn ich etwas sage, kommt es immer von Herzen. Ich liebe Menschen, ich liebe das Leben. Und ich habe ein wundervolles Leben gehabt.«

Kurz vor Fertigstellung dieses Buchs hat mich die traurige Nachricht erreicht, dass Tommy Godwin gestorben ist. Er war ein echter Gentleman. Seine Lebensgeschichte hat uns gefesselt und seine Sammlung an Medaillen und Trophäen Bewunderung abgerungen.

Hillbilly

»Mein Aussehen ist doch recht auffällig. Deshalb werde ich oft erkannt, wenn ich durch London radle«, lacht Jim Sullivan – oder »Hillbilly«, wie er liebevoll genannt wird seit einem missglückten Abfahrtsrennen mit dem Mountainbike, bei dem er beide Schneidezähne verlor. »Ich habe auch die Ehre, den Rekord bei Londons exzentrischem IG Nocturne-Radspektakel zu halten, und zwar für das längste Abkontern mit dem Starrgangrad – beeindruckende, wenn ich so sagen darf, 107 Meter.«

Das Nocturne ist ein jährlich stattfindendes abendliches Fahrrad-Event auf dem Smithfield Market, bei dem es Rennklassen mit Hoch- und Klapprad wie auch Rennen der Elite gibt. Jim hat an seinem 2008er Fuji Track Pro-Rad Tretkurbeln, Reifen und Lenker modifiziert und dabei unter anderem einen verkürzten MTB-Lenker eingebaut, sodass er mit diesem leichten, wendigen Rad genau richtig abkontern kann, was sein sportliches Markenzeichen ist.

Nachdem Jim einen Spaß aus Kindheitstagen auf eine völlig neue Ebene gehoben hat, ist er nun reifer geworden und engagiert sich begeistert beim Bahnradfahren im Herne Hill Velodrom. Seine umfangreiche Fahrradsammlung, sagt Jim, ist »der Lohn, wenn man sein Leben lang in Fahrradläden gearbeitet hat«.

L'Eroica

Seit 1997 brechen jedes Jahr Tausende von Radsportlern aus der ganzen Welt über die Toskana herein, um an einem Wettbewerb teilzunehmen, der von Sentimentalität geprägt ist und auf eine Zeit zurückgeht, als solche Dinge wie Kohlefaserräder noch Zukunftsmusik waren. L'Eroica ist bekannt als eines der größten Amateur-Radrennen der Welt. Die Teilnehmer erleben einen einzigartigen Radsporttag in einer Atmosphäre, die ihresgleichen sucht. Die einzige Voraussetzung ist, dass alle ein Fahrrad benutzen, das aus der Zeit vor 1978 stammt.

Es stehen vier Rennstrecken mit unterschiedlichem Schwierigkeitsgrad zu Auswahl. Von der längsten Strecke mit 205 Kilometern – Start ist um fünf Uhr morgens – bis

zur scheinbar gemütlichsten Strecke mit nur 38 Kilometern. Und gemütlich wäre sie auch, gäbe es da nicht die holprigen Wege, auf denen sich Schrauben und Muttern lockern und die Nerven aus Stahl verlangen, wenn es steil bergab geht. Da sagen selbst erfahrene Radfahrer: »Danke, das ist nichts für mich.«

Doch das ist Teil des Charmes dieses Wettbewerbs. Man kann gut nachvollziehen, dass sich jedes Jahr zahlreiche Teilnehmer in farbenfrohen, altmodischen Wolltrikots anmelden, wenn die Tour durch die atemberaubend schönen, hügeligen Weinberge und von Olivenbäumen gesäumten Straßen der Toskana führt. Die staubigen, vor Hitze flirrenden Wege sind noch nicht verunstaltet von Asphalt und Straßenlinien. Und wem das nicht reicht, den treibt bestimmt die Aussicht auf das köstliche Essen und die hervorragenden Weine Italiens in den nächsten Laden für Oldtimer-Räder.

Brixton Billy

»BMX-Fahrer haben ein schlechtes Image, oft aber zu Unrecht. Im Großen und Ganzen sind wir okay. Wir haben einen ungeschriebenen Verhaltenskodex, nach dem wir einander helfen, etwa ein Sofa für die Nacht anbieten, wenn jemand eins braucht. Wir sind eine eingeschworene Gemeinde, die sich auf vorbehaltloses Vertrauen stützt. Dieses Vertrauen darf man nicht enttäuschen«, erläutert Brixton Billy. »Durch das BMX-Fahren bin ich schon viel rumgekommen auf der Suche nach neuen Plätzen, auf denen ich fahren kann. Ich war schon fast überall in Europa, nur mit Pass, Rad und ein paar Klamotten. Einen Platz zum Schlafen habe ich immer gefunden.«

Billy fährt heute ein maßgefertigtes Modell, das Lichtjahre entfernt ist von seinen ersten BMX-Rädern; es ist »leichter und stabiler«. Rahmen, Gabel und Lenker hat er von dem US-Radspezialisten S&M Bikes bezogen, dessen Inhaber selbst BMX-Fahrer sind. »Ich habe mit 17 Jahren angefangen, bei Brixton Cycles zu arbeiten«, erzählt Billy. »Der Job ist ideal für mich, weil der Stockwell Skatepark gleich neben dem Laden liegt. Dort sollte jeder BMX-Fahrer, der was auf sich hält, mal hin, wenn er in London ist. BMX-Fahren heißt, dass man sich reinhängen muss. Das ist für mich der Kick dabei; ein Risiko eingehen und hoffen, dass es sich auszahlt.«

Auf dem Hochrad um die Welt

»Es war kein vergeblicher Versuch, einen Drink spendiert zu kriegen, als ich sagte: ›Ich fahre jetzt um die Welt‹. Es war ein gut durchdachtes, geplantes Unterfangen. 1998 fuhr ich auf meinem zuverlässigen BSA-Vorkriegs-Fahrrad nach Amsterdam. Ich finde, man kann ein Land nur auf dem Rad richtig entdecken. Also plante ich, mit dem Hochrad um die Welt zu fahren, wie Thomas Stevens 1884, jawohl mit dem Hochrad«, erzählt Joff Summerfield. »1999 baute ich mein erstes Mk-1-Hochrad. Doch schon kurze Zeit später wurde das Vorderrad beim Zusammenstoß mit einem Auto verbogen. Mit neuem Rad und zur Feier des neuen Jahrtausends fuhr ich nach Paris und erkannte, dass das Mk-1 zu schwer war. Im Jahr 2000 folgte das Mk-2, mit dem ich eine Testfahrt von Land's End nach John o'Groats unternahm. 2001 kam Mk-3. Es erwies sich als praktisch perfekt, und ich war bereit für die Tour meines Lebens. So zog ich also los, nach einer liebevollen Verabschiedung von Freunden und Familie. Sie hatten nicht erwartet, dass ich zum Tee wieder zu Hause sein würde. Doch genau das passierte, als nach 42 Kilometern mein Knie aufgab. Erst 2003 war es wieder einsatzbereit, und mit ihm das Mk-4. Diesmal kam ich

bis Budapest, bevor eine weitere Knieverletzung mich lahmlegte. Eine OP und ein paar spektakuläre Stürze über den Lenker hielten mich erneut auf.

Inzwischen hatten sich Freunde und Familie schon an meine regelmäßigen Abschiede gewöhnt. Und so wurde meine Abreise 2006 mit Aussagen kommentiert wie: ›Alles klar, bis nachher‹. Im November 2008, nach 30 Monaten, 24 Ländern und 36 000 Kilometern kehrte ich triumphierend nach Hause zurück. Die Chinesische Mauer, die Ausläufer des Everest, das Death Valley in Arizona und zahllose Grenzübergänge – alles hat Spaß gemacht. Die meisten Leute reagierten mit Staunen und Sprachlosigkeit auf diesen Hochradfahrer mit Tropenhelm. Ich fühlte mich meinem Hochrad immer verbundener. Mir wäre nie in den Sinn gekommen, es nachts aus den Augen zu lassen, selbst wenn ich es dafür endlose Hoteltreppen hinaufschleppen musste.

Eine Reise wie die meine verändert die Geisteshaltung. Man wird toleranter und weiß Dinge mehr zu schätzen, anstatt sie als selbstverständlich anzusehen. Manchmal fühlt man sich etwas verloren, wenn so eine Aufgabe bewältigt ist. Man fragt sich, was man als Nächstes tun soll. Ich jedenfalls würde so etwas gern noch einmal machen. Es gibt noch so viel zu sehen, und die Orte, die man besuchen kann, werden einem nie ausgehen.«

Herne Hill Velodrom

Die Radrennbahn der Olympischen Spiele 1948 in London, die bis auf das Jahr 1891 zurückgeht, hat im Laufe der Zeit viele Veränderungen durchgemacht. So wurde der ursprüngliche Bodenbelag aus Holz zuerst durch Beton und zuletzt durch einen modernen Allwetterbelag ersetzt. Organisiert von freiwilligen Helfern, finden im Herne Hill Velodrom heute mehr offene Radsport-Veranstaltungen statt als in jedem anderen Velodrom in England. Auch Tour de France- und Olympiasieger Sir Bradley Wiggins ist hier häufig anzutreffen.

Es gibt auch Anfängerstunden, in denen jeder ein Spezialrad mieten und sich auf der berühmten Rennbahn erproben kann. Durch die Stiftung Herne Hill Velodrome Trust scheint die Zukunft der Rennbahn gesichert, sodass sie noch lange Jahre von Olympiaanwärtern benutzt werden kann.

Rollapaluza

Rollapaluza. Man braucht dazu zwei Teilnehmer und ein Paar maßgefertigte stationäre Räder, die mit einer großen Anzeigenscheibe verbunden sind. Sportliches Ziel ist der Sieg in einem Wettrennen über eine simulierte Distanz von 500 Metern mit sekundengenauer digitaler Zeitnahme und Geschwindigkeiten von über 80 Kilometern pro Stunde. Das alles wird begleitet von Musik, einem motivierenden Moderator und den Anfeuerungsrufen des Publikums.

Das erste »Rollapaluza Roller Racing« fand 2000 statt, nachdem ein Fahrradkurier 1999 in Zürich bei den Fahrradkurier-Weltmeisterschaften ein solches Radrennen gesehen hatte und auf die Idee gekommen war, ein ähnliches Event auch in London zu organisieren. Das Rennen wurde von da an jedes Jahr abgehalten und erfreute sich in der wachsenden Untergrundszene der Fixie-Fahrer immer größerer Beliebtheit. 2007 hoben Caspar Hughes, ein Kollege des Kuriers, der das Konzept zuerst nach London gebracht hatte, und Paul Churchill Rollapaluza als Wirtschaftsunternehmen aus der Taufe. Inzwischen gibt es das Rennen in drei weiteren Ländern. Allein in Großbritannien nahmen 2012 20 000 Wettkämpfer an diesem Wettbewerb teil.

Brügge

Die Nonkonformisten

Seit seiner Erfindung im 19. Jahrhundert hat sich das Fahrrad in gemächlichem Tempo weiterentwickelt, ohne dass dazu eine wesentliche Notwendigkeit bestanden hätte. In diesem Kapitel werden Sie Radfahrern begegnen, die gelassen ihren Weg gehen und sich nicht in eine Schablone pressen lassen. Für sie ist das Rad eine Konstruktion, die sich in ihrer minimalistischen Schlichtheit optimal zur kreativen Gestaltung eignet und eine weitere Ausdrucksmöglichkeit ihres persönlichen Stils bietet, sei es ihrer Liebe zu Vintage-Kleidung, ihrer Begeisterung für Design und Kunst oder ihres Erfindungsreichtums.

Menschen wie Elizabeth zum Beispiel scheuen keine Mühen, um an ein Fahrrad zu kommen, von dem sie immer geträumt haben. Es gibt Vordenker wie Tom Karen, ein führender Industriedesigner, der ein Fahrrad entworfen hat, in dem zahllose Kindheitserinnerungen stecken. Für DJ Norman Jay hat sich ein Jugendtraum erst spät im Leben erfüllt, doch er bedeutete ihm deshalb nicht weniger. In Brooklyn lebt ein Sammler, der alles dransetzt, das perfekte Rad samt Zubehör zu finden, während wir in den Niederlanden Toon begegnen, einem Erfinder, dessen Kreativität offenbar keine Grenzen gesetzt sind; er ist ein Meister der Fahrrad-Exzentrik. Cally hat zahlreiche Fahrräder erworben, die er hegt und pflegt, und eine Liebe zum Fahrradfahren entwickelt, die seine Liste jener Dinge, die er vor seinem Tod getan haben will, um einen ungewöhnlichen Punkt erweitert hat. Und schließlich sehen wir den Beweis dafür, dass Modeikone Sir Paul Smith' Begeisterung fürs Radfahren seiner Leidenschaft für stylische Kleidung in nichts nachsteht.

Auch künftige Generationen werden die verschiedenen Wege der Fahrradkultur erforschen. Vielleicht lassen Sie sich ja selbst von den hier vorgestellten Nonkonformisten und ihrer ansteckenden Begeisterung fürs Radfahren inspirieren. Die Schaffenskraft, die sie an den Tag legen, beweist, dass anders zu sein, gut und interessant sein kann – sehr interessant sogar.

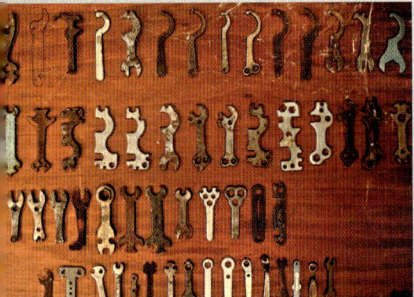

Cally

»Meine Fahrradsammlung sollte keinesfalls als Museum verstanden werden. Museumsstücke darf man selten berühren und schon gar nicht benutzen und genießen. Aber alles, was ich besitze, ist in Gebrauch. Welchen Sinn sollte es sonst haben? Die Räder werden vielleicht nicht so häufig benutzt, wie ich es gern hätte. Aber einmal im Jahr zumindest kommt jedes zu einem richtigen Ausflug raus, auch meine moderne Nachbildung von Lawson's Bicyclette aus dem Jahr 1879 (rechte Seite), die ich zusammen mit einem guten Freund gebaut habe«, erläutert Radliebhaber Cally Callomon. Er hat eine lange, erfolgreiche, aber auch anstrengende Karriere in der Musikindustrie hinter sich. Cally war Manager berühmter Künstler, aber der permanente Stress führte dazu, dass er seine Prioritäten zugunsten eines ruhigeren Lebens änderte und einiges Geld in Fahrräder investierte.

»Jedes Fahrrad, das ich besitze, hat einen berechtigten Platz in meiner Sammlung. Ich suche mir das, mit dem ich fahre, ganz nach Stimmung aus. Das passiert zwangsläufig. Man baut eine Beziehung zu einem Rad auf und weiß aus Erfahrung, wie es sich anfühlt, wenn man damit losfährt.

Ich habe das Glück, im wunderschönen Suffolk zu wohnen, genau in der Mitte von Abschnitt Nummer 155 auf der Katasterkarte. Bevor ich diese Welt verlasse und vor meinen Schöpfer trete, ist es mein Ziel, jede Straße auf dieser Karte in einem 18-Kilometer-Radius um mein Dorf mit dem Rad abgefahren zu haben. Ich sammle Straßen, wenn man so will. Es gibt keine wissenschaftlich ausgearbeitete Route, um die kürzeste Strecke zu finden, weit gefehlt. Ich bin auch schon 48 Kilometer auf Straßen gefahren, die ich bereits abgehakt hatte, nur um einen Kilometer Straße zu erreichen, auf dem ich noch nicht gewesen bin!«

Die Nonkonformisten .85

Der Designer

Tom Karen ist ein bekannter Industriedesigner, auch wenn er vielleicht nicht jedem außerhalb der Fachwelt ein Begriff ist. Doch die Wahrscheinlichkeit ist groß, dass Arbeiten aus Toms Atelier schon in so manchem Haushalt Einzug gehalten haben, von Waschmaschinen und der Murmelbahn, die Kinder so lieben, bis hin zu Radios und Autos, darunter auch der Bond Bug und der Reliant Scimitar GTE. Sein ganzer Stolz aber ist der Raleigh Chopper, ein Bonanzarad, bei dem selbst der frechste Jugendliche den Bestechungsversuchen der Eltern erlag: »Sei brav, dann kriegst du eins!« Seien wir ehrlich. Was hätten diejenigen von uns, die in den Siebzigern aufgewachsen sind, nicht alles getan, um dieses kultige Rad zu bekommen?

»In den frühen Sechzigern war ich Hauptgeschäftsführer und Chefdesigner von Ogle Design«, erzählt Tom Karen. »Auf der Suche nach neuen kreativen Ideen gab Raleigh bei Ogle Designentwürfe in Auftrag, die mit dem Krate-Modell von Schwinn konkurrieren sollten.«

Bevor das Bonanzarad die Stadt eroberte, waren Kinderräder nichts weiter als eine abgespeckte Version jener Vehikel, mit denen die Väter zur Arbeit fuhren.

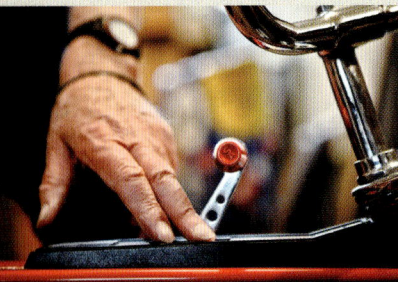
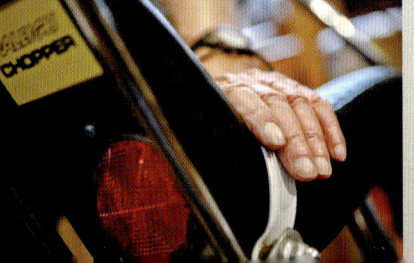

Nichts, auf dem ein Kind, das etwas auf sich hielt, beim Fahren durch die Nachbarschaft gesehen werden wollte. Der Chopper aber war der Inbegriff von Coolness mit seinem keilförmigen Rahmen, dem Bananensattel und Hirschgeweihlenker, den 20 bzw. 16 Inch kleinen Dragster-Reifen – wenn man auf dem Sattel zurückrutschte, konnte man spektakulär auf dem Hinterreifen fahren – dem mittig platzierten Schalthebel und einem Kaleidoskop an Farben.

»Leider hat es in letzter Zeit Ansprüche auf den Designentwurf gegeben«, klagt Tom Karen. »Ich will die Fähigkeiten des verstorbenen Alan Oakley, der Raleighs Designabteilung geleitet hat, nicht kleinreden. Aber der Entwurf für den Chopper stammt von mir. Mir liegt nichts daran, einen Streit über das Design auszufechten. Ich kenne die Wahrheit und habe sie auf Papier.«

Der Chopper hatte einen fantastischen Lauf bis 1984, als das BMX-Rad die Aufmerksamkeit der Jugend auf sich lenkte. Bis dahin waren 1,5 Millionen Stück verkauft worden. »Dass meine Arbeit bei anderen immer noch nostalgische Jugenderinnerungen hervorruft, ist für mich als Designer wirklich ein ganz wunderbares Gefühl.«

The Urban Voodoo Machine

»Das ist weniger Fahrrad-Chic als vielmehr unser ganz alltäglicher Stil, der eben übergeht in das, was wir beim Fahrradfahren tragen«, erklärt Frontmann, Sänger und Songschreiber Paul-Ronney Angel, der mit seiner Schlangen beschwörenden, Feuer schluckenden, Tuba spielenden Frau Lady Ane Angel die Band »The Urban Voodoo Machine« gegründet hat. Ihre Musik lässt sich keiner gängigen Richtung zuordnen, also haben sie einfach ihren eigenen Stil erfunden, den »Bourbon Soaked Gypsy Blues Bop 'n' Stroll«.

Ihre Räder sind genauso exzentrisch wie die beiden, hergestellt von Deuce und mit individuellen Merkmalen versehen wie den Totenkopf-Ventilkappen. Ane hat ihr Rad in Kopenhagen gekauft, und Paul ist es vor fünf Jahren gelungen, eins in London zu finden. Beide begeisterte der lässige, relaxte Stil und das dank der dicken Reifen bequeme Fahrgefühl.

»Wir kommen ursprünglich aus Norwegen«, erzählt Ane, »wo es eine große Fahrradkultur gibt, vor allem in Städten wie Oslo und Bergen. Hier in London brauchen wir eigentlich gar kein Auto. Es gibt viel schnellere und stressfreiere Möglichkeiten der Fortbewegung wie unsere Damen- und Herren-Cruiser.«

Yasi und Roy

»Mein Rad heißt Roy und ist mein ganzer Stolz«, sagt Yasi aus London, die Kunst studiert hat und als Siebdruckerin arbeitet. »Roy ist ein Starrgangrad. Es ist schon mein drittes und das zweite, das ich selbst gebaut habe. Ich habe über ein Jahr lang nach den passenden Einzelteilen für Roy gesucht. Zuerst hatte er einen Rahmen, einen Nabensatz von Phil und ein Kettenblatt mit Kurbelarm von Campagnolo Pista. Alles habe ich auf der LFGSS (London fixed-gear and single-speed)-Website gefunden – eine tolle Community für Fixie-Fahrer. Die übrigen Teile, darunter auch ein Dirty-Harry-Bremshebel (um bei den Männernamen zu bleiben), stammen alle vom Fahrrad-Flohmarkt. Durch meine Suche habe ich viele Vintagerad-Händler kennengelernt, einer davon ist ein guter Freund geworden.

Ich fahre mein Starrgangrad nicht aus Modegründen, obwohl es in der Szene einen entsprechenden Trend gibt. Ich fahre Roy vielmehr, weil ich ihn selbst gebaut habe und weil man, um ganz ehrlich zu sein, mit starrem Antrieb besser in der Stadt zurechtkommt. Roy weiß noch nichts davon, aber ich habe ein weiteres Sammlerstück gefunden, das ich jetzt restauriere. Es wird nicht leicht für mich werden, meine Zeit gerecht zwischen beiden aufzuteilen.«

Bordstein-Sturmkrabbler

»Ein paar Stunden in der Werkstatt mit einem alten BMX-Rahmen, meiner maßgefertigten Lenkstange, breiten Cruiser-Reifen und jeder Menge Beiwerk im militärischen Stil, dazu noch ein Monat Schufterei und, Schwupps, meine neueste Kreation, der ›Bordstein-Sturmkrabbler‹, ist fertig«, freut sich Neil Stanley. »Der Krabbler ist meine Version eines modernen Liegerad-Typs, des ›Python Lowracer‹. Das Konzept ist irre, aber es funktioniert tatsächlich. Für mich liegt der halbe Spaß im Entwerfen und Bauen. Das ist nun schon das vierte Rad dieser Art, das ich selbst gebaut habe. Das Fahrgefühl ist völlig anders als bei einem herkömmlichen Fahrrad; damit muss man erst mal klarkommen. Die Füße treten nicht nur die Pedale, sie übernehmen auch das Lenken mithilfe der drehbaren, mittig gesteuerten Gabel. Schau her, alles funktioniert ganz ohne Hände!«

Toon

God straft onmiddellijk – was man übersetzen könnte mit »Kleine Sünden straft der liebe Gott sofort« – ist ein holländisches Sprichwort, das Toon von seiner Frau Riek zu hören bekam, nachdem er kopfüber von seinem Hochrad gestürzt war. Man könnte diese Bemerkung als etwas unwirsch auffassen, zumal da Toon sich bei dem Sturz auch noch das Schlüsselbein gebrochen hatte. Doch Riek fand, dass er die wohlverdiente Strafe dafür bekommen hatte, dass er, wie er später zugab, an jenem Tag nur deshalb aufs Hochrad gestiegen war, um einen guten Blick auf die hübschen Radfahrerinnen unter ihm zu haben.

»Mich begeistert am Fahrrad nicht nur, dass ich damit weite Strecken zurücklegen kann, sondern der Erfindungsreichtum, der dahintersteckt«, erläutert Toon. »Wenn ich auf ein interessantes Rad stoße, verbringe ich Stunden damit, die technischen Details zu studieren. Ich glaube, es fing mit meinem ersten Fahrrad an, einem FN (Fabrique National d'Armes de Guerre, Belgien) von 1910 mit Kardanantrieb. Das ist ein Rad ohne Kette, das durch eine Welle zwischen Pedal und Hinterradnabe angetrieben wird. Ich bekam es vor etwa fünfzig

Jahren von der Witwe des früheren Besitzers und war so begeistert von der Konstruktion, dass ich anfing, viele unterschiedliche Modelle zu sammeln.«

Was Toons eigene Fahrradkreationen angeht – nun, sie sind das Werk eines genialen Erfinders und Ingenieurs mit ein paar Absurditäten als Garnierung. Man würde sonst kaum eine Sammlung finden, zu der ein Einrad, ein Clog-Rad inklusive patriotischer Knöchelsöckchen oder ein Rad mit einem 1,20 Meter breiten Stierhornlenker gehört.

»Meine Kreationen entstehen normalerweise aus nicht mehr gebrauchten Materialien oder Objekten, die ich finde. Da fängt es in meinem Kopf an zu rattern. Einmal zum Beispiel, als ich gerade eine Turmuhr reparierte, fragte ich mich, ob ich wohl eine funktionsfähige Uhr aus Fahrradteilen bauen könnte. Die Leute sagten, ›Das geht doch gar nicht‹, aber mir gelang es. Ich schätze all meine Fahrräder sehr. Doch wenn ich die Wahl hätte und nur eines mit auf eine einsame Insel nehmen dürfte, auf der man sich nur mit dem Rad fortbewegen kann, würde ich mein Adler mit Dreigang-Tretlagerschaltung wählen, das perfekte Rad mit einer guten, soliden Konstruktion. Ich habe neulich eine neue Hüfte bekommen, und mein Arzt hat mir geraten, vorsichtig zu sein. Aber es braucht schon mehr als das, um mich aufzuhalten. Ich werde noch viele Jahre lang als Erfinder tätig sein.«

Das gelbe Trikot

Hätte Sir Paul Smith als Jugendlicher nicht einen ziemlich schweren Fahrradunfall gehabt, wäre er heute womöglich gar nicht der erfolgreichste Modeschöpfer Großbritanniens. Stattdessen hätte er sich vielleicht als Radsport-Profi hervorgetan. Wer weiß? Das launische Schicksal hatte die Hand im Spiel. In all den Jahren des Erfolges in der Modebranche hat Sir Paul seine große Leidenschaft fürs Radfahren jedenfalls nicht verloren.

Zu den vielen Fahrrädern, die sein Büro schmücken, gehören ein 6,9 Kilogramm schweres, rosafarbenes Carbon-Rennrad von Principia, ein umwerfendes Mercian, das er eigenhändig geschweißt hat, und eine Sammlung von Rädern mit den charakteristischen Paul-Smith-Streifen; sein Lieblingsrad ist ein schön gestaltetes, handbemaltes Modell.

»Man schickt mir viele wundervolle, inspirierende, manchmal bizarre Objekte und Sammlerstücke«, erläutert Sir Paul. Doch angesichts seiner offensichtlichen Liebe zu Mode und Fahrrädern liegt es natürlich nahe, dass es sich bei den Objekten seiner Sammelleidenschaft um Fahrradtrikots handelt. Da er mit der Radsport-Elite auf freundschaftlichem Fuß verkehrt, bekommt er immer wieder signierte Siegertrikots als Geschenk. Und so findet man in Sir Pauls Büro ein ganzes Bündel farbenfroher Trikots, alle ungerahmt – sonst könnte man sie ja nicht anfassen.

Da seine Leidenschaft fürs Radfahren so tief sitzt, stellt sich die spannende Frage »was wäre wenn«. Würde er sein Modeimperium und alles, was mit diesem Erfolg einhergeht, eintauschen gegen das erhabene Gefühl, einmal das berühmte gelbe Trikot getragen zu haben? Sir Paul gibt zu, dass das eine schwierige Frage sei, und zum ersten Mal scheint er keine Antwort zu wissen.

Lejeune

»Ich bin keine Expertin für Velos«, so die Pariser Burlesque-Tänzerin Sucre d'Orge, »aber ich wusste, dass ich etwas Besonderes will. Und als ich mein Lejeune-Rad aus den Siebzigern sah, war ich sofort hin und weg.« Lejeune ist eine klassische französische Fahrradmarke, die bekannt ist für ansprechendes Design zu bezahlbaren Preisen. »Ich liebe seine Form«, erläutert Sucre. »Auf Französisch würde man sagen ›il a du chien‹, es hat einen ungewöhnlichen Charme. Es ist nicht das schönste Rad, das je gebaut wurde, doch mir gefällt es einfach. Zwischen uns gibt es eine Verwandtschaft, das komische Gefühl, dass wir uns ähnlich sind. Ich kleide mich gern elegant. Beim Fahrradfahren trage ich mit Vorliebe Vintage-Kleidung. Es ist romantisch, die Lebensart einer früheren Zeit wiederzubeleben. Glamour ist nicht nur etwas für das Burlesque-Theater. Am Wochenende fahre ich am liebsten in den Bois de Vincennes, vor allem sonntags, wenn die Straßen entlang der Seine für Autos gesperrt sind. Es ist eine Freude, Paris mit dem Rad zu entdecken. Ich sehe es jetzt anders, es ist kleiner und schöner.«

Alan Super Gold

»Ich halte immer Ausschau nach alten Rädern«, erläutert John Abrahams. »Mein verstorbener Vater war kein großer Fahrrad-Kenner, aber bei altem Angelgerät machte ihm keiner etwas vor. Er wusste aber, dass ich mich mit Rädern auskenne. Außerdem liebte er Flohmärkte. Wir trafen eine Vereinbarung, wonach er mich Sonntagmorgens anrufen und mir die Räder beschreiben würde, die er auf Flohmärkten gesehen hatte. Manchmal waren tolle Modelle dabei, meistens aber blieben sie hinter den Erwartungen zurück. Während eines recht abenteuerlichen Flohmarktbesuchs in der Gegend von Mayenne in Frankreich fand mein Vater ein Alan-Super-Gold-Modell aus den späten Siebzigern für zehn Euro. Er hatte den Verkäufer von fünfzehn Euro heruntergehandelt. Ich war beeindruckt. Offenbar kannte er sich immer besser mit Rädern aus.«

Alan-Räder sind extrem selten und haben interessante Gravuren auf den Muffen, wie man hier sehen kann. »Ich war gespannt, welche Prachtstücke mein Vater wohl noch auftreiben würde, aber leider starb er kurz darauf«, fährt John fort. »Das ist vielleicht nicht die interessanteste Fahrradgeschichte, aber Sie werden verstehen, warum dieses Rad für mich einen so großen ideellen Wert hat. Deshalb gebe ich es auch nicht mehr her.«

Royal Mail Sonderzustellung

»Es war im Sommer 2011 und ich arbeitete ehrenamtlich für das Bicycle Empowerment Network in Marina Da Gama, Südafrika. Das Netzwerk sammelt nicht mehr gebrauchte Fahrräder aus aller Welt und bringt den Einheimischen bei, wie man sie instand hält und ein Geschäft führt. Man möchte sie dazu bringen, sich mit einem Fahrradladen eine Existenz aufzubauen«, erklärt Elizabeth Jose, Begründerin der New Yorker Frauen-Fahrradgruppe »WE Bike NYC«.

»Eines Tages kam aus England ein Container mit einer Lieferung von 70 Pashley-Royal-Mail-Fahrrädern. Der Container wurde entladen und die Lieferung sortiert, sodass die Fahrradhändler sich ihre Ware aussuchen konnten. Und da entdeckte ich ein MailStar-Rad mit Fünf-Gang-Schaltung (ein ›MS12‹). Es war Liebe auf den ersten Blick. Als die Händler mit ihren Transportern kamen, um eine neue Fuhre Räder abzuholen, fürchtete ich, dass sie mein geliebtes Fahrrad mitnehmen würden. Also beschloss ich, das Rad vor ihren neugierigen Blicken zu verbergen und es selbst zu benutzen, so lange ich in Südafrika war.

Doch als meine Zeit als ehrenamtliche Helferin zu Ende ging, wollte ich mein Rad nicht einfach hergeben, sondern dachte daran, es mit nach New York zu nehmen. Schließlich fasste ich mir ein Herz und sprach mit den Organisatoren. Tatsächlich durfte ich das Rad unter der Voraussetzung behalten, dass ich dafür ein paar Extrastunden arbeitete und mich verpflichtete, im Falle eines Verkaufs den Erlös an das Netzwerk weiterzugeben. Doch wie sollte ich das Fahrrad jetzt nach Hause transportieren? Da ich schon mein eigenes Rad mit nach Südafrika gebracht hatte, konnte ich nicht zwei davon im Flugzeug mit zurücknehmen.

Langstreckentouren waren nichts Neues für mich. Vor einigen Jahren bin ich mit dem Rad quer durch Amerika gefahren. Doch leider liegt der Atlantik im Weg.

Schließlich sagte mir jemand, dass es ungefähr 200 Dollar koste, ein Ein-Meter-Paket per Post in die USA zu schicken. Also zerlegte ich das Rad bis auf die letzte Schraube, damit es in das Paket hineinpasste. Dann fuhren wir es zur Post. Am Schalter präsentierte ich freudestrahlend mein hübsch verpacktes Fahrrad, erhielt jedoch die niederschmetternde Antwort: ›Tut mir leid, aber das Paket darf in Länge, Breite und Tiefe *zusammengenommen* nicht mehr als einen Meter messen.‹ Andere Versandoptionen kosteten über 2500 Dollar! Das überstieg meine finanziellen Möglichkeiten. Doch so schnell gab ich nicht auf. Schließlich hörte ich, dass eine andere ehrenamtliche Helferin auch zurück in die Staaten fliegen würde, und zwar nach Chicago. Wie das Schicksal es wollte, reiste sie mit leichtem Gepäck und hatte noch Freikilos übrig. Super! Also ging das Rad zuerst nach Chicago und von dort per Post nach New York.

So hat dieses Rad einen weiten Weg hinter sich: England, Südafrika, Chicago, New York. Das Royal-Mail-Rad ist wunderbar vielseitig, und die Reaktionen von britischen Touristen bei dem für sie vertrauten Anblick sind klasse. Entweder schauen sie zweimal hin oder sprechen mich gleich darauf an. ›Da haben Sie sich wirklich was Tolles geleistet‹, höre ich oft. Manchmal kann ich es selbst nicht glauben.«

Schwinn

Es ist ein cleverer Trick, einem geliebten Menschen ein Geschenk zu kaufen, das in Wahrheit für die eigene Sammlung gedacht ist.

»Eine Zeit lang wollte ich nur ein Rad haben, mit dem ich schnell und stylish mit meinem Mann Loggy auf Festivals flitzen kann. Ich weiß nicht, wie er zu diesem Spitznamen kam, weil er eigentlich John heißt. Aber seit seiner Kindheit hört er nur auf Log oder Loggy«, erzählt Estelle. »Jedenfalls sind wir beide große Fans der Vintage-Szene: Musik, Kleider, Lebensart und ein Zuhause, das bis obenhin mit den unterschiedlichsten Amerikana gefüllt ist. Log wusste jedenfalls, dass ich unbedingt ein klassisches amerikanisches Schwinn-Rad haben wollte.«

Der charakteristische Motorradstil und der hohe Sammlerwert des Schwinn-Rads machen es bei Vintage-Fans sehr beliebt. Das damit einhergehende Gewicht nehmen sie in Kauf, können aber, wie Estelle, nur schwer der Versuchung widerstehen, ihr Prachtstück individuell umzugestalten. Estelle fährt fort: »Zu meiner Überraschung schenkte mir Log ein Schwinn-Rad zu Weihnachten. Er sagte, dass ich noch Geduld haben müsse, weil es erst aus Kalifornien zu uns nach England geschifft

werde. Umso besser, dachte ich, frisch importiert, ohne auch nur eine Reifenumdrehung auf britischem Boden. Ich hätte allerdings nicht mit einer so, wie soll ich sagen, einmaligen Versandart gerechnet. Statt Luftpolsterfolie und Pappe fand Log einen 1950er Chevy-Lieferwagen viel passender. Ja, genau! Mein wunderbarer Ehemann hat erst das Rad im Internet aufgetrieben, dann weiter geschaut und den Chevy gefunden – ganz schön schlau! Als Log das Rad suchte, ging es ihm sicher nur um mich. Der Chevy war eben zufällig eine gute Art, das Rad zu transportieren. Zu seiner Verteidigung muss ich sagen, dass wir beide den Chevy auf der Wunschliste hatten. Ich trug ihm also nichts nach. Ich liebe mein 1955er Schwinn Co-Ed. Es ist nicht unbedingt das leichteste Rad, aber es fährt sich bequem und ist ein echter amerikanischer Klassiker. Ein guter Rat aber an alle: Wenn ein geliebter Mensch zu euch sagt: ›Schau, was ich für dich habe‹, ist Vorsicht geboten. Er könnte Hintergedanken haben.«

Raleigh Chopper

»Stellen Sie sich Folgendes vor. Es war Anfang der 1970er, ein herrlicher Sommertag, und ich spielte Fußball im Park nicht weit von zu Hause in Notting Hill, London«, erzählt der legendäre DJ Norman Jay, der wohl auch die Queen zu seinen Fans zählen kann, nachdem sie ihn für seine Verdienste um die Musik mit dem Order of the British Empire ausgezeichnet hat.

»Es war ein prägender Moment für mich, als ich ein Kind auf einem Bonanzarad vorbeifahren sah. So etwas hatte ich bis dato noch nie gesehen. Mir fiel die Kinnlade herunter. In meinem Kopf wurde es still, und die Farben verblassten zu schwarzweiß – na ja, bis auf das Knallgelb des Raleigh Choppers. Nach einer gefühlten Ewigkeit, die in Wahrheit nur ein paar Sekunden dauerte, war ich wieder bei mir. Wir rannten alle dem Rad hinterher und riefen unisono, ›Das schauen wir uns an‹. Damals war der Chopper das zweirädrige Äquivalent zum Rolls-Royce. Doch bisweilen täuscht das Aussehen. Wie sich herausstellte, war er miserabel zu fahren. Das war mir aber egal. Er sah cool aus,

und das ist alles, was ein leicht zu beeindruckendes Kind interessiert. Ich wusste, bei einem Preis von 38 Pfund würde ich so schnell keinen bekommen, denn der Chopper hätte meinen Vater auf einen Schlag um einen Wochenlohn erleichtert. Also kam er, genau wie das Johnny-Seven-Maschinengewehr – auch ein Spielzeug, das zu meiner Zeit total in war – auf meine Wunschliste. Ich begnügte mich mit dem Rad, das ich hatte, baute aber einen choppertypischen Hirschgeweihlenker und jede Menge Scheinwerfer ein, sodass es zumindest von vorn einem Chopper zum Verwechseln ähnlich sah.

Ich habe meine Liebe zu diesem Bonanzarad nie wirklich verloren. An einem verschneiten Wintertag in den späten Achtzigern entdeckte ich in einem Trödelladen einen lilafarbenen Chopper. Dazu gab es eine Kiste mit Ersatzteilen, die ausgereicht hätten, um noch zwei davon zu bauen, und das alles für unter zehn Pfund. Ich hatte genügend Bargeld dabei, und so konnte ich einen Wunsch von meiner Liste streichen.

Inzwischen habe ich es auf 18 Chopper gebracht, die über ganz London verteilt sind, wo immer Freunde und Familie ein Plätzchen frei haben. Damit habe ich so eine Art eigenen Fahrradverleih, den ich immer in Anspruch nehmen kann, wenn ich in der Nähe bin. Die Sammlung wird sich wieder verkleinern, da bin ich sicher. Aber ein paar Chopper werde ich immer behalten.«

Matteo

»Ich habe das Rad mit den Einnahmen aus einem Fernsehwerbespot gekauft, in dem ich mitgespielt habe«, erzählt Matteo Scialom über sein Gitane-Starrgangrad. Matteos Rad allerdings ist nach der Blütezeit des Herstellers in den Siebzigerjahren entstanden. »Ich habe kein Auto. In Paris ist das völlig unnötig, eigentlich in jeder Großstadt. Für mich ist das Rad das ideale Verkehrsmittel. Damit kann ich Paris erkunden und unbekannte Orte entdecken, die man mit dem Auto nur schwer oder gar nicht erreicht. Ich liebe die Verbindung zwischen Körper und Starrgangrad, aber ich traue meinen Beinen nicht, wenn sie müde sind. Daher habe ich eine Bremse.«

Vergangene Zeiten

»Ich spreche für mein Leben gern über Fahrräder. Früher bin ich begeistert Straßenrennen gefahren. Jetzt allerdings unternehmen meine Frau Wendy und ich lieber gemütliche Radtouren, fahren mit dem Rad zur Arbeit oder nutzen es zum Freizeitvergnügen, nämlich für Pub-Besuche«, erläutert Simon Doughty. Er weiß zwar, dass es moderne, atmungsaktive, Feuchtigkeit absorbierende Sportkleidung gibt. Aber so schnell kommt ihm dergleichen wohl nicht in den Kleiderschrank, wie man hier sehen kann. Sein Fahrrad stammt unumstößlich aus einer längst vergangenen Zeit, in der ein Strickpullover zum Radfahren völlig ausreichte.

»Meine Fahrräder bilden einen Querschnitt aus verschiedenen Stilen und Perioden«, erzählt Simon weiter. »Hier habe ich zum Beispiel ein robustes, schweres Polizeirad aus den 1930ern. Es ist nicht unbedingt auf Geschwindigkeit ausgelegt, aber meiner Ansicht nach viel besser geeignet, um einen Angreifer mit gezieltem Lenkereinsatz abzuwehren. Ich weiß nicht, ob ich das sagen soll. Aber ich habe auch

mehrere moderne Gegenstücke, darunter ein Colnago-Rennrad aus den Siebzigern und ein Holdsworth-Mountainbike aus den Achtzigern. Vom Grundprinzip her sind sie alle gleich. Es ist aber schön, die Fortschritte zu sehen, die das Rad im Laufe der Zeit gemacht hat.

Unser zuverlässiger Citroen-H-Kastenwagen ist perfekt zum Ausruhen und Übernachten, wenn wir längere Fahrradtouren unternehmen. Oft kommen wir auf über 3000 Kilometer im Jahr. Wir brechen mit einem Routenplan auf und der Sicherheit, dass bei der Rückkehr ein gemütlicher Platz zum Erholen auf uns wartet. Das ist ein wohliger Gedanke, wenn eine schöne Tagestour zu Ende geht.

Fahrräder sind schon seit vielen Jahren unser Hobby. Daher kann ich mit Gewissheit sagen, dass das Radfahren immer einen festen Platz in unserem Leben haben wird. Und unsere Kleiderwahl? Die Fahrräder ändern sich vielleicht, aber unser Stil bleibt derselbe.«

Vélo Vintage

Hugo und Edson von Vélo Vintage in Paris tragen ihren Warenbestand zusammen, indem sie über Land fahren und ihren Anhänger mit Rädern füllen, die nicht mehr gebraucht werden. »Velos auf diese Art zu kaufen, wird immer schwieriger, weil alte Räder im Trend sind. Man findet immer seltener Modelle, die sich zum Wiederverkauf eignen. Aber meistens ist unsere Ausbeute doch ganz gut. Es ist, als würde man Fahrräder fischen. Man weiß, sie sind irgendwo da draußen. Doch es braucht Zeit und Geduld, sie zu fangen.«

Das hier abgebildete Fahrrad ist von der Marke Stella, einer französischen Firma, die 1909 in Nantes gegründet wurde und in den 1950ern bei der Tour de France zweimal die Siegerräder stellte.

Der Perfektionist

»Ein nahezu perfektes Transportvehikel, bei dem der Fahrer zugleich Motor ist, ist für mich das Tourenrad, auch Randonneur genannt, das in Frankreich für wohlhabende Fahrradfans entwickelt wurde. Das sind robuste, leichte, elegante und voll ausgestattete Fahrräder, die ebenso auf Komfort wie auf Geschwindigkeit ausgelegt sind. Sie sind das ganze Jahr über einsatzfähig, auf guten wie auf schlechten Straßen, bei Tag und Nacht. Sie bewältigen geduldig schwierigste Bergstrecken und haben alles, was man braucht, sodass man ganz auf sich allein gestellt mit ihnen Wochenendausflüge machen kann.« Dieses Loblied singt Guy Lesser aus Brooklyn, New York, auf sein Johnny-Coast-Leichtbaurad mit 18 Gängen, inklusive handgefertigtem Gepäckträger für die Fahrradtaschen aus Segeltuch und Leder.

»Es ist schon seltsam, dass für Jahrzehnte die ganze Ära von Fahrradkonstrukteuren wie Alex Singer und Rene Herse, die nach dem Zweiten Weltkrieg ihre Blütezeit erlebt haben, weitgehend in Vergessenheit geraten ist. Erst vor etwa zehn Jahren begann eine

Gruppe amerikanischer Fahrradhersteller, im Speziellen J. P. Weigle aus Connecticut, sich wieder mit den Vorzügen dieser Fahrradkategorie zu beschäftigen. Das und ihre eigene Entwicklungsarbeit führt langsam zu einer Renaissance des Randonneurs.

In meinem Fall war es Liebe auf den ersten Blick, was bedeutet, dass ich zufällig auf Bilder von frühen Rene-Herse-Modellen gestoßen bin. Danach habe ich über zwei Jahre darauf verwendet, ein eigenes ›Konzept‹ zu entwickeln. Ursprünglich hatte ich vor, ein Vintage-Rad zu kaufen, aber dann dachte ich mir, dass ich viel mehr lerne, wenn ich eine Maßanfertigung bei einem echten Fahrradbauer in Auftrag gebe und jede Schraube und Mutter selbst auswählen muss. Und wie groß wäre schon die Chance gewesen, ein Originalrad mit genau den von mir gewünschten Elementen zu finden, genau auf mich zugeschnitten und in so gutem Zustand, dass man damit sicher fahren kann? Der Rest ist, wie es so schön heißt, Geschichte – oder zumindest eine winzige Fußnote eines recht unerforschten Kapitels.«

Eine Affäre mit Phillips

»Ich habe mich schon in viele Fahrräder verliebt, aber eine lange Beziehung bin ich nur mit dreien eingegangen«, erzählt Hannah. »Radfahren hat für mich als Erwachsene keine große Rolle gespielt, bis ich nach Cambridge gezogen bin. Man kann nicht ernsthaft behaupten, hier zu leben, wenn man nicht Rad fährt. Das ist mir in dem Augenblick klar geworden, als ich aus dem Bahnhof kam und in ein Meer aus Fahrrädern tauchte, die an allem festgemacht waren, worum sich eine Kette schlingen ließ. Nach ein paar provisorischen Rädern, mit denen ich zwischen drei Teilzeitjobs pendelte, kaufte ich mein grünes Phillips-Damenrad aus den 1920er-Jahren. Ab da war ich süchtig nach ›Rolls‹. Ich finde, Fahrräder mit Rolls-Royce-Status müssen aus Stahl gebaut und sperrige Ungetüme sein, nichts für schicke Kurztrips oder Zugfahrten. Ihr Vorteil besteht darin, dass sie sich toll fahren lassen

– man spürt kaum eine Bodenwelle – und dass sie für die Ewigkeit gebaut sind ... Na ja, zumindest fast. Nach ein paar Jahren fiel mein Phillips langsam auseinander, was darin gipfelte, dass der Rahmen plötzlich brach. Doch davon ließ ich mich nicht abschrecken. Ich bekam den Tipp, zu John Wayne zu gehen, einem erstklassigen Schweißer, der angeblich mein Rad würde reparieren können. Wie sich jedoch herausstellte, waren Fahrräder nicht seine Stärke. Als ich mein Rad nach dem Schweißen abholte, war es wahrscheinlich gefährlicher als zuvor. Ich verlor bald die Hoffnung, dass meine Schönheit je wieder in altem Glanz erstrahlen würde. Doch mithilfe eines ›Fahrrad-Chirurgen‹ ist das Phillips inzwischen auf dem Weg der Besserung. In der Zwischenzeit habe ich einen Flirt mit einem 1950er Raleigh und einer geliehenen Schönheit, einem Rennrad von George Longstaff. Ich weiß nicht, wie kurz diese Affäre am Ende sein wird, da ich mit dem Raleigh neulich einen 85 Kilometer langen Ausflug unternommen habe – die Fahrt meines Lebens!«

Gaskill's Hop Shop

»Im Laden vergleicht man mich oft mit einem Waschbären – nicht zu Unrecht, weil ich oft Abfälle durchstöbere, dieses und jenes rauspicke, immer auf der Suche nach Sachen, die man für spätere Kreationen verwenden kann«, meint Adam Gaskill von Gaskill's Hop Shop. Geboren und aufgewachsen ist er in Tennessee. Der Laden ist die Anlaufstelle für heiß begehrte, coole Fahrräder mit »fiktiver« Geschichte. So könnte man es wohl am besten ausdrücken. Die Räder sind auf alt gemacht, entstehen aber in der Gegenwart.

»Es macht Spaß, Räder aus teils zusammengesammeltem Zeug zu bauen, obwohl ›bauen‹ nicht ganz das richtige Wort ist. ›Formen‹ trifft es eher. Probiere ein Teil aus, schau, ob es funktioniert, und dann schleife es so zurecht, dass es mit dem Rest ein harmonisches Ganzes ergibt. Klar, das Rad entwickelt sich weiter von seinem ursprünglichen Konzept, und ich bin mir auch immer bewusst, dass es in eine neue Richtung mäandern kann, vor allem dann, wenn ich beim Durchstöbern der Müllcontainer wieder auf etwas Interessantes stoße.

Zu Ehren meiner Herkunft und als Anspielung auf das Wappentier des Bundesstaates Tennessee, hänge ich mit Stolz einen Waschbärschwanz an alle meine Räder. Außerdem sind sie mit meinem Markenzeichen versehen, einem aufwändigen Pinstriping-Design.«

BSA Klapprad

Das 1942–45 BSA Airborne Bicycle aus dem Zweiten Weltkrieg wurde entweder mit eigenem Fallschirm ins Gefecht gebracht oder von einem Fallschirmjäger getragen und wenige Sekunden vor der Landung in feindlichem Gebiet abgeworfen. Das Rad wurde zwar im Kampf benutzt, kam aber seltener zum aktiven Einsatz als geplant. Ziel war es, die Soldaten mobiler zu machen, sie schneller von der Absprungstelle zum Einsatzort zu befördern, als es zu Fuß möglich gewesen wäre.

Mizutani Super Cycle

Ein altes japanisches Mizutani Super Cycle in tadellosem Zustand. Beachten Sie das schöne Detail auf dem vorderen Schutzblech, die fein gearbeiteten Muffen aus Chrom, den Dynamo und die altmodische Felgenbremse in der Mitte.

Elswick-Hopper Scoo-Ped

Das Elswick-Hopper Scoo-Ped war das Nonplusultra der schnittigen Fahrräder der frühen 1950er, und nur noch wenige davon sind übrig. Wegen seiner Ähnlichkeit zu den damals so modischen Motorrollern war es der Traum eines jeden Teenagers. Der einzige Nachteil daran war, dass man gelegentlich von übereifrigen Polizisten gestoppt wurde, die das Rad fälschlicherweise für einen echten Motorroller hielten.

CharRie's Café

»Ich probiere gern aus, was man mit Fahrrädern alles auf die Beine stellen kann, und ich weiß guten Kaffee zu schätzen. Wie könnte ich meine zwei Leidenschaften besser miteinander verbinden als mit meinem ›CharRie's Café‹, dem Fahrradcafé«, lächelt Rie Sawada. »2010 habe ich in Nagoya (Japan) den Betrieb aufgenommen und jeden Sonntag Kaffee gebrüht.« Gegenwärtig ist Rie Sawada mit ihrem modifizierten Vintage-Rennrad von Nishiki in Berlin unterwegs und auf vielen Fahrrad-Events anzutreffen. Sie ist überall gern gesehen, wo sie ihren handgebrühten Kaffee serviert.

Der Atombunker-Tunnel

Diese Räder wurden früher benutzt, um schnell durch den 91 Meter langen Eingangstunnel in den inzwischen stillgelegten »geheimen« Atombunker bei Kelvedon Hatch in Essex zu kommen.

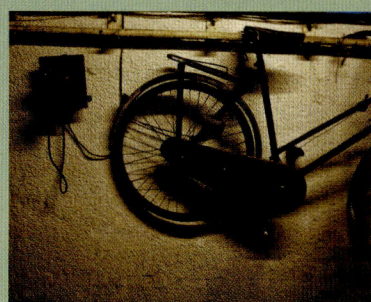 

Critérium des Porteurs de Journaux

Das Critérium des Porteurs de Journaux war ein sehr beliebtes Radrennen, über das viel berichtet wurde. Es führte 38 Kilometer über die gepflasterten Straßentangenten von Paris. Der Hauptunterschied zu normalen Radrennen war die Vorgabe, mit 15 Kilogramm Zeitungen auf dem Gepäckträger zu fahren. Der Sieger wurde schließlich zum schnellsten Zeitungsauslieferer von Paris erklärt. Die Pariser Zeitungen wurden früher üblicherweise mit einem Lastenfahrrad an die Kioske der ganzen Stadt geliefert, und das Rennen war eine Möglichkeit für die Fahrer, ihr Können unter Beweis zu stellen. Die ersten Rennen wurden 1895 ausgetragen, die letzten Mitte der 1960er-Jahre. Miq Keelands erlesenes Modell eines Fahrrads im Porteur-Stil war typisch für die Dreißigerjahre. Und wer weiß, womöglich kam es auch in diesen Zeitungsrennen zum Einsatz.

Das Fahrrad bewirkt etwas

Wie das folgende Kapitel zeigt, kann das Fahrrad genutzt werden, um Menschen zu schulen, zu bilden und auf verschiedenen Ebenen Hilfe zu leisten. In manchen Fällen können sicher auch andere Mittel der Fortbewegung ähnliche Erfolge erzielen. Das Fahrrad besticht jedoch durch sein freundliches, unkompliziertes Wesen. Dass es keinen Kraftstoff benötigt, sondern durch menschliche Kraft angetrieben wird, ist ein weiterer großer Pluspunkt.

Als Erstes geht es nach Afrika, wo das Fahrrad die Lebensqualität der Menschen entscheidend verbessert, weil es ein erschwingliches und zuverlässiges Transportmittel ist. Abgelegene Gemeinden können davon profitieren, wenn jemand dort ein Fahrradgeschäft eröffnet und so die Wirtschaft ankurbelt. Auf der anderen Seite ist für entwickelte asiatische Metropolen wie Peking das Fahrrad schon seit Jahrzehnten das normale Transportmittel für die breite Masse. Ungeachtet der großen wirtschaftlichen und sozialen Fortschritte in China verlässt man sich dort immer noch im Wesentlichen auf das Fahrrad, weil man damit leicht durch die engen, vollen Straßen kommt.

Eine Fahrrad-Bibliothek in Portland, Oregon, lässt die vom Glück weniger Begünstigten für eine Weile die Welt vergessen und bietet ihnen eine Möglichkeit, ihre Bildung zu verbessern. Für andere ist das Fahrrad eine schnelle Plattform zum kreativen Ausdruck, die in kürzester Zeit eingesetzt werden kann. Für eine Bildungsorganisation wiederum ist das Fahrrad ein Schulungsmittel, mit dessen Hilfe sie physikalische Grundlagen vermittelt, etwa Energieverbrauch und Pedalantrieb zueinander in Beziehung setzt.

Daneben gibt es Beispiele, die eher belustigend, aber deshalb nicht weniger wichtig sind, beispielsweise einen Radfahrer, der mit seinem exzentrischen Vehikel gegen den Kapitalismus revoltiert, während Matt von »Fine and Dandy« das Fahrrad als zuverlässiges Hilfsmittel für eine zentrale Aufgabe einsetzt: die Rettung von Menschen aus der Modekrise.

Das Fahrrad kann für viele, die Hilfe brauchen, viel bewirken und in manchen Fällen sogar lebensverändernde Unterstützung leisten. Seiner Natur gemäß wirkt es leise, aber durchaus nachdrücklich.

Re-Cycle

»Es ist weit mehr als nur eine Klischeevorstellung, dass Fahrräder das Leben von Menschen verbessern können. Seit unser Projekt 1998 begann, sehen wir mit eigenen Augen, was man erreichen kann, positive Veränderungen, die nachhaltig sind und von denen notleidende Gemeinden Afrikas profitieren – und alles nur mit ausrangierten Fahrrädern«, erläutert Derek, der für Re-Cycle tätig ist, seit 2006 eine betriebsbedingte Kündigung ihn dazu bewog, einen Beruf zu ergreifen, durch den er für andere Menschen etwas bewirken und ihr Leben zum Besseren wenden kann.

»Vergegenwärtigen Sie sich kurz die Wege, auf denen Güter des täglichen Bedarfs vom Anbieter zum Verbraucher geliefert werden. Und dann stellen Sie sich denselben Prozess ohne die Infrastruktur vor, die für uns selbstverständlich ist. Unser Ansatz ist simpel: Wir regen Menschen dazu an, uns Fahrräder, für die sie keine Verwendung mehr haben, zu spenden. In unserem Depot zerlegen wir entweder die nicht mehr funktionstüchtigen Räder in ihre Einzelteile oder machen die noch gebrauchsfähigen

fertig für den Versand. Sie werden dann in Containern verschifft, die im Durchschnitt 400 Fahrräder fassen. Wenn die Räder bei unseren Partnerorganisationen in Afrika eintreffen, werden sie zuerst generalüberholt und danach an die jeweiligen Bestimmungsorte verteilt. Ein weiterer Aspekt unserer Arbeit ist es, den Nutzern beizubringen, wie sie die Räder instand halten. Es ist schön und gut, jemandem Mobilität zu ermöglichen, doch man will schließlich auch, dass er lange etwas davon hat. Viele Menschen in verarmten Gebieten Afrikas haben nur begrenzt oder gar keinen Zugang zu Verkehrsmitteln. Doch ohne Verkehr ist weder für den Einzelnen noch für Gemeinden Entwicklung möglich. Fahrräder verringern die Belastung, die mit scheinbar einfachen, aber zeitaufwendigen, arbeitsintensiven Tätigkeiten einhergeht. Wasserholen und Feuerholzsammeln geht viel schneller mit einem Fahrrad. Die Zeit, die man dadurch einspart, kann für die Verbesserung des sozialen Lebens und der Erwerbsmöglichkeiten genutzt werden. Außerdem haben Kleinhändler und Kleinbauern durch das Fahrrad die Möglichkeit, auch Kunden im weiteren Umkreis zu erreichen. Wir haben inzwischen schon über 100 Container verschifft, fast 42 000 Fahrräder. Und die Anzahl der Empfängerländer in Afrika wächst. Das alles hätten wir nicht schaffen können, ohne die Unterstützung von Menschen, die ihre Zeit, ihr Geld und ihre Räder zur Verfügung stellen.«

Die Lastenfahrräder von Peking

In der Metropole Peking gehören schwer beladene Lasten-Dreiräder nach wie vor zum Stadtbild und werden gern und häufig eingesetzt. Das liegt zum Teil daran, dass große Lastkraftwagen nicht in die Stadt einfahren dürfen. Dadurch müssen die Geschäfte ihren Zuliefererverkehr auf kleinere, umweltfreundlichere Transportmittel umstellen. Man kann sich an dieser Praxis ein Beispiel nehmen, vor allem in den stetig wachsenden, smogverseuchten Städten der Welt.

Die Fahrrad-Band

Weil sie die strengen Vorschriften der Stadtverwaltung Amsterdams zur Frage öffentlicher Musikdarbietungen auf stationären Bühnen umgehen wollten, haben sich die talentierten Musiker der Bakfiets Band eine clevere Lösung einfallen lassen, um ihren Mix aus Jazz und anderen Musikstilen den Bürgern nahezubringen. Sie hatten die geniale Idee, den alten Fahrradkarren eines Fischhändlers in eine mobile Bühne zu verwandeln, auf der nun ein kleines Piano, ein Drumkit und ein Cello Platz finden. Als Antrieb dient der Saxofonist.

Volle Band

Die »Volle Band« aus Amsterdam hat mithilfe spezieller Befestigungsteile Sound-, Bild- und Computermodule an verschiedenen Fahrrädern angebracht, um so eine Bandbreite an audiovisuellen Darbietungen zu ermöglichen. Daten können drahtlos zwischen den Rädern übertragen werden, die alle mit entsprechenden Sensoren ausgestattet sind. Diese Sensoren wandeln die Räder in dynamische Instrumente um. Der Aufbau ist einfacher, wenn zwei Sound-Räder einander ergänzende Musikstücke spielen.

Magnificent Revolution

»Allzu leicht legt man den Schalter um und sieht dem vollen Wasserkocher beim Erhitzen zu, obwohl man oft nur einen Bruchteil des Wassers für seinen Morgentee braucht. Es ist die Macht der Gewohnheit. Man denkt nicht groß darüber nach, welche natürlichen Ressourcen nötig sind, um den Strom zu erzeugen, der so leicht in unsere Haushalte kommt. Es würde mehr zum Nachdenken über den eigenen Stromverbrauch anregen, wenn man 60 Minuten lang Rad fahren müsste, um die drei Kilowatt zu erzeugen, die für das Erhitzen des Wasserkochers notwendig sind. Leistung ist gleich Strom«, erläutert Adam von der gemeinnützigen Bildungsorganisation Magnificent Revolution.

Seit 2007 schult es Menschen darin, sich den eigenen Energieverbrauch bewusst zu machen. »Das ›Cycle-In Cinema‹ ist genau, was der Name sagt«, fährt Adam fort. »Wir fördern und veranstalten Filmvorführungen an verschiedenen Orten in und um London. Das Publikum fährt mit dem Rad zum Kino, hakt das Rad an einen Generator und tritt dann in die Pedale, um den Strom zu erzeugen, der für den Filmprojektor und die Tonanlage benötigt wird. Mit zwanzig Fahrrädern erzeugen wir bis zu ein Kilowatt kostenlosen Strom. Das Kino ist dazu gedacht, die Leute zu schulen und zu unterhalten. Daher gibt es in Sichtweite der Zuschauer eine Anzeigentafel, auf der sich ablesen lässt, wie viel Strom sie erzeugen und verbrauchen. Wie kann man besser einen Film genießen und gleichzeitig die Kalorien abtrainieren, die man durch Eis und Popcorn zu sich genommen hat?«

Street Books

»Wir sind eine fahrradbetriebene mobile Bibliothek für Menschen, die draußen leben«, erläutert Laura Moulton, Mutter zweier Kinder, Autorin und Begründerin von Street Books. »Bei uns gibt es keine Rückgabefrist oder Strafgebühr, wenn man die Frist überschreitet. Meine Besucher haben Tag für Tag genug zu bewältigen. Die Bibliothek funktioniert ganz nach dem Vertrauensprinzip. Die Besucher sind überrascht, wenn sie erfahren, dass zum Ausleihen der Bücher nur ihre Unterschrift auf einer altmodischen Bibliothekskarte nötig ist, vorausgesetzt, sie stimmen zu, das Buch zurückzubringen, wenn sie damit fertig sind. Und das tun sie auch, abgesehen von einigen wenigen, die gleich von Beginn an gesagt haben, ich würde die Bücher nie wiedersehen. Einige Besucher sind schon zu mir gekommen und haben sich dafür entschuldigt, dass ein Buch, das sie ausgeliehen hatten, gestohlen oder beschädigt wurde. Wenn sie die Bücher zurückbringen, bleiben sie oft eine Weile und erzählen mir, welche Erfahrung sie beim Lesen gemacht haben.

Nur weil sie draußen leben heißt das nicht, dass sie weniger intelligent, sprachgewandt oder wissbegierig sind. Manchen hat das Leben übel mitgespielt. Viele sind einer festen Arbeit

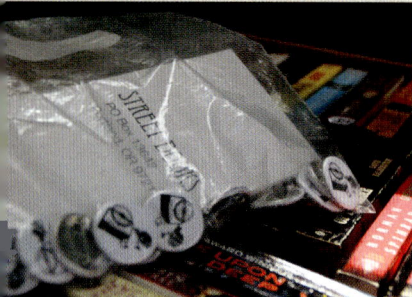

nachgegangen, bis sie dann eine Wendung des Schicksals zu einem Leben auf der Straße gezwungen hat. Ich selbst weiß aus erster Hand, welche Kraft ein gutes Buch haben und wie es einen die Welt vergessen lassen kann. Für uns ist es selbstverständlich, in eine Buchhandlung zu gehen und ein Buch zu kaufen oder die örtliche Bibliothek zu benutzen. Warum sollten diejenigen, die draußen auf der Straße leben, nicht ebenso Zugang zu Büchern haben?«

Zweimal pro Woche oder öfter fährt Laura auf ihrem eleganten, maßgefertigten Arbeitsfahrrad ins Zentrum von Portland, Oregon. »Ich bin immer pünktlich am üblichen Ort für meine Besucher anzutreffen. Anders geht es nicht. Street Books ist eine feste Größe in ihrem Leben. Ich gebe den Leuten eine Struktur und Routine, die sie sonst kaum oder gar nicht haben. Der Erfolg von Street Books geht auf die großartige Unterstützung der Gemeinde und meiner Besucher zurück. Ich habe inzwischen noch andere Bibliothekare als Hilfe angeheuert und auch aus anderen Städten Anfragen bekommen von Leuten, die selbst eine Straßenbibliothek aufmachen wollen. Meine Besucher besitzen zwar nicht viel, aber sie sind nicht ungebildet.«

Dandy 911

Dandy 911 ist ein Notfall-Lieferservice des New Yorker Herrenausstatters »Fine and Dandy«. Dort kümmert man sich um all Ihre Kleider-Katastrophen. Matt Fox, der Inhaber der Firma, führt seine Liebe zu guter Kleidung auf seinen Großvater zurück. »Stil unterliegt keinen Regeln«, so Matt. »Kombinieren Sie nach Lust und Laune. Tragen Sie, was immer Ihnen gefällt. Und am wichtigsten: Haben Sie keine Angst davor, etwas Flair zu zeigen.«

    Als Anbieter von »Accessoires für adrette Herren« ist er bei jeder Kleidungspanne auf Anruf zur Stelle. Auf seinem neuen Schwinn-Lieferantenrad im Vintage-Stil eilt er zu Hilfe, bestückt mit Kummerbund, Taschentuch, Einstecktuch, Krawatte oder vielleicht einem Paar Socken. Zwischen der 14. bis 89. Straße waren die Dandys noch nie in besseren Händen.

Der Postbote auf dem Hochrad

»Ich bin ein Opfer meines Erfolgs«, so Graham Eccles. »Ich wollte das Geschäft nicht aufgeben, da es so gut lief. Aber letztlich blieb mir keine Wahl – sehr zur Erleichterung meiner erschöpften Beine. Noch dazu war ich fast nie zu Hause, und selbst das Hochradfahren verlor seinen Reiz.« Graham Eccles ist Performance-Künstler, der in seiner Heimatstadt Bude in Cornwall der Post mit dem Hochrad als Briefträger Konkurrenz gemacht hat. Graham hat sein Hochrad-Unikat mit dem Chopper-Lenker im Internet entdeckt und aus einer Laune heraus gekauft, lange bevor er Briefträger wurde.

»Das ist natürlich kein ernstzunehmender Versuch, den Marktanteil der Royal Mail zu schmälern. Die Hochrad-Post war nur als Spaß gedacht, als Protest gegen die starke Preiserhöhung bei einer First-Class-Briefmarke im April 2012. Da ich für die gleiche Briefmarke nur 25 Pence verlangte, kam die Sache ins Rollen. Die Briefe konnten in den Geschäften vor Ort abgegeben werden, bis ich knallgelbe Briefkästen aus alten Gasflaschen baute und aufstellte. Nach der letzten Briefkastenleerung des Tages sortierte ich zu Hause die Briefe für die Zustellung am nächsten Tag – ein Vorgang, den meine beiden kleinen Kinder, die unbedingt helfen wollten, nicht erleichterten. Zu Spitzenzeiten stellte ich auf einer 25-Kilometer-Route über 150 Briefe am Tag zu. Mein Leben als Briefträger war vielleicht kurz, aber es hat Riesenspaß gemacht. Ich habe damit aufgehört, als es richtig erfolgreich war.«

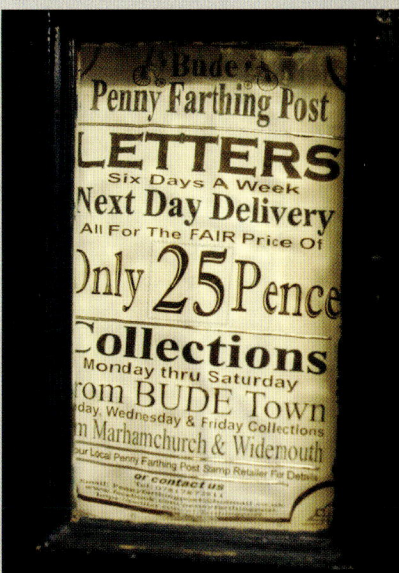

Beam Bike

»Unser Ziel ist es, einen öffentlichen Raum mithilfe audiovisueller Technik zu erobern und den Menschen zu zeigen, wie vielseitig Fahrräder sein können. Außerdem möchten wir unserem Publikum vor Augen führen, welche Schönheit und Möglichkeiten in öffentlichen Räumen stecken«, erläutern Didier und Daan Dirk, Gründungsmitglieder der »Volle Band«, eines Kunstprojekts aus Fahrrad-Performances in Amsterdam.

Didier fährt fort: »Es fing damit an, dass wir einen alten Wohnwagen mit 20 Fernsehgeräten aufrüsteten, die durch Fenster und Löcher in der Wand nach draußen zeigten. Um unsere Performances mobiler zu machen, brachten wir einen kleinen Fernseher am Lenker eines Fahrrads an. Dann taten wir uns mit anderen zusammen. Wir trafen uns oft in der berühmt-berüchtigten Kwikfiets Fahrradwerkstatt, wo viele Künstlergruppen ihren Anfang nehmen. Gemeinsam bauten wir die Idee der mobilen Präsentation aus und entwickelten Multimedia-Räder, mit denen wir alle möglichen audiovisuellen Performances darbieten können. Unser Beam Bike, ein modifiziertes Lastenfahrrad, das wir als ›Mutterschiff‹ bezeichnen, ist mit eingebauten Modulen ausgestattet, mit denen wir folgende Elemente kombiniert einsetzen können: ein oder zwei Beamer, ein Lautsprecher-Set mit Mischpult, einen kleinen Computer und zwei große Leuchten, die sowohl als Fahrradbeleuchtung dienen, wie sie jedes Rad in Holland von Gesetzes wegen haben muss, als auch als Scheinwerfer für Performances an dunklen Orten. Durch die Räder haben wir eine Verbindung zum Publikum. Wir stellen nicht einfach eine laute Beschallungsanlage auf die Straße und nerven damit die Leute.«

Das Brompton

»Mein erstes Fahrrad war ein Raleigh Chipper – kein Chopper, obwohl ich gern einen gehabt hätte. Radfahren war in meiner Jugend einfach ein Hobby, doch ich entdeckte meine Liebe dazu neu, als ich zum Metropolitan Police Service kam«, erläutert Sergeant Titus Halliwell. »Ich pendelte mit dem Zug zur Arbeit. Um schneller zur Haltestelle und zurück zu kommen, kaufte ich mir ein Brompton-Klapprad. Leider wurde mein erstes Rad gestohlen – eine Ironie des Schicksals, da ich inzwischen die Fahrrad-Sonderheit der Met Police leite. Wir sind ein Team aus 30 Polizisten, das gegen Fahrraddiebstahl vorgeht. Denn hinter der alarmierenden Zahl von 21000 Fahrrädern, die jährlich in London gestohlen werden, stecken nicht nur Gelegenheitsdiebe. Häufiger handelt es sich um organisierte Banden, die mit dem Fahrraddiebstahl gutes Geld machen. Wir empfehlen nicht nur gute Schlösser, sondern haben auch ein Drei-Schritte-Mantra: notieren, registrieren, melden. Notieren Sie die Rahmennummer Ihres Fahrrads, registrieren Sie es online unter www.bikeregister.com und melden Sie Diebstähle der Polizei. Dass ich mich für das richtige Rad entschieden habe, bestätigte sich nach einer Zwei-Tages-Tour von London nach Paris zur Tour de France. Auf dem Heimweg konnte ich das Brompton einfach als Handgepäck mit in den Zug nehmen, während meine Begleiter größere Schwierigkeiten hatten.«

Raleigh Explorer

Das von Space-Race inspirierte Explorer Bike von Raleigh inklusive ohrenbetäubender Pifco-Super-Sonic-Hupe ist ein Modell des klassischen Roadsters aus den 1950er-Jahren. Es ist auf Langlebigkeit und minimalen Wartungsaufwand ausgelegt. Daher hat es auch nur einen Gang. Am Gewicht wurde nicht gespart, weder bei Design noch bei der Konstruktion. Achten Sie auf den North-Road-Lenker, den Ledersattel mit Sprungfedern und das berühmte Reiher-Logo auf dem Steuerrohr.

Quellen

Fahrradhändler

The Bicycle Library
www.215w11.com/bicyclelibrary

Brixton Cycles
www.brixtoncycles.co.uk

Chopperdome
www.thechopperdome.com

Cyclope Bikes
www.cyclopebikes.fr

En Selle Marcel
www.ensellemarcel.com

Exceller Bikes
www.excellerbikes.com

Fahrradhof Altlandsberg
www.aufs-rad.de

Horse Cycles
www.horsecycles.com

Ichi Bike
www.ichibike.com

The Old Bicycle Company
www.theoldbicycleshowroom.co.uk

Sargent & Co.
www.sargentandco.com

Tokyo Fixed Gear
www.tokyofixedgear.com

Vélo Vintage
www.velo-vintage.com

718 Cyclery
www.718c.com

Fahrradmode und Zubehör

Always Riding
www.alwaysriding.co.uk

Le Coq Sportif
www.lecoqsportif.com

Red Cycling Products
www.redcycling.de

Swrve
www.swrve.co.uk

TWO n FRO
www.215w11.com

Urban Spokes
www.urbanspokes.com

Fahrradhersteller

Bavaria Fahrräder
www.bavariabike.de

Bianchi
www.bianchi.com

Brompton
www.brompton.co.uk

Hercules
www.hercules-bikes.de/

Johnny Coast
www.johnnycoast.com

Kalkhoff
www.kalkhoff-bikes.com

Kettler
bike.kettler.net

Koga
www.koga.com

KTM Bike Industries
www.ktm-bikes.de

Mercian
www.merciancycles.co.uk

Pashley
www.pashley.co.uk

Raleigh
www.raleigh.co.uk

Rixe
www.rixe-bikes.de

Winora Group (Marken: Haibike, Staiger, XLC, Winora)
www.winora-group.de

Umwelt und Gesellschaft

Bicycle Aid for Africa
www.re-cycle.org

Magnificent Revolution
www.magnificentrevolution.org

Street Books
www.streetbooks.org

Volle Band
www.volleband.nl

Freizeit

The Bikerist
www.thebikerist.com

Fahrradferien
www.skedaddle.co.uk

Pashley Guv'nors
www.theguvnorsassembly.com

Lock 7 Fahrradcafé
www.lock-7.com

Star Bikes Fahrradverleih Amsterdam
www.starbikesrental.com

The Tweed Run
www.tweedrun.com

Information und Inspiration

BSA-Klapprad
www.bsabikes.co.uk

Classic Lightweights
www.classiclightweights.co.uk

Classic Rendezvous
www.classicrendezvous.com

The Folding Society
www.foldsoc.co.uk

Historic Hetchins
www.hetchins.org

London Fixed-gear and Single-speed Forum
www.lfgss.com

National Cycle Collection
www.cyclemuseum.org.uk

The Raleigh Chopper Owners Club
www.rcoc.co.uk

The Veteran Cycle Club
www.v-cc.org.uk

Vintage Schwinn
www.vintageschwinn.com

Sicherheit

ADFC
www.adfc.de

Bike Register
www.bikeregister.com

Giro Fahrradhelme
www.giro.com

Hiplok
www.hiplok.com

Der unsichtbare Fahrradhelm
www.hovding.com

Bildnachweis

Wir danken allen Fahrradbesitzern, dass wir ihre »famosen Fahrräder« fotografieren durften.

Alle Fotos stammen von Lyndon McNeil, sofern nicht anders angegeben.
www.lyndonmcneilphotography.com

Fahrradfahren verbindet
Seiten 14-17 Briggy's Bike Shack, Briggy, London
Seiten 18-19 Fixies und Fritten, Gavin Strange, Bristol (Foto von Gavin Strange, BÖIKZMÖIND, www.boikzmoind.com)
Seiten 20-21 Der Donnerstags-Club, John Rhodes, West Midlands
Seiten 22-23 Horse Cycles, Thomas Callahan, Brooklyn, New York
Seiten 24-25 Die Genossenschaft, Brixton Cycles, London
Seiten 26-28 The Old Bicycle Company, Tim Gunn, Essex
Seiten 29-31 Der Classic Riders Club, Brooklyn, New York
Seiten 32-35 Das Fahrradkabinett, Bill Pollard, Northampton (Foto von Lyndon McNeil und Steve Rideout, www.rideoutphoto.co.uk)
Seiten 36-37 Der umgekehrte Fahrradladen, 718 Cyclery, Joseph Nocella, Brooklyn, New York
Seiten 38-39 Die Fahrrad-Bibliothek, Karta Healy, London
Seiten 40-41 Chopperdome, Amsterdam
Seiten 42-43 Sargent & Co, Rob Sargent, London
Seiten 44-45 Benjamin Cycles, Ben Peck, Brooklyn, New York
Seiten 46-48 Ichi Bike, Daniel Koenig, Iowa (Foto von Jill Brown, www.jillbrownphotography.com)
Seite 49 Star Bikes Café, Linda Pluimers, Amsterdam
Seiten 50-51 Pashley Guv'nors, Adam Rodgers
Seiten 52-53 Kwikfiets, Willem, Amsterdam
Seite 54 Burning Man, Nevada (Foto von Marc van Woudenberg, www.amsterdamize.com)
Seite 55 The Bikerist, Etaïnn Zwer, Paris (Foto von The Bikerist, Jérémy Beaulieu, www.thebikerist.com)
Seite 56 En Selle Marcel, Bruno Urvoy, Paris
Seite 56 Lock 7, London
Seite 57 Fahrradhof Altlandsberg, Peter Horstmann, Germany (Foto von Oliver Schulze, www.fotokamikaze.de)
Seite 57 Exceller Bikes, Christian Campers, Bruges

Weil ich es kann
Seiten 60-63 Der Mann, der mit dem Rad die Welt umrundete, Mark Beaumont, Perthshire, Scotland (Foto von Chris Haddon)
Seiten 65-65 Bike Polo, London Hardcourt Bike Polo Association
Seiten 66-67 Der Olympionike, Tommy Godwin, Solihull, West Midlands
Seiten 68-69 Hillbilly, Jim Sullivan, London
Seiten 70-71 L'Eroica, Italien (Foto von Angelo Ferrillo, www.ferrilloshots.it)
Seiten 72-73 Brixton Billy, William Prendergast, London
Seiten 74-75 Auf dem Hochrad um die Welt, Joff Summerfield, London
Seite 76 Herne Hill Velodrome, Herne Hill, London
Seite 77 Rollapaluza, London (Foto von Rollapaluza Outreach, Little Monstas Fundraiser Event, www.rollapaluza.org)

Die Nonkonformisten
Seiten 82-85 Cally, Count Martindt Cally Von Callomon, Suffolk
Seiten 86-87 Der Designer, Tom Karen, Cambridge
Seiten 88-90 The Urban Voodoo Machine, Paul-Ronney Angel, Lady Ane Angel, London
Seite 91 Yasi und Roy, Yasemin Richards, London
Seiten 92-93 Bordstein-Sturmkrabbler, Neil Stanley, Essex
Seiten 94-97 Toon, Toon Boumans, Cuyk, Holland
Seiten 98-100 Das gelbe Trikot, Sir Paul Smith, London
Seite 101 Lejeune, Sucre d'Orge, Paris
Seiten 102-103 Alan Super Gold, John Abrahams, Leamington Spa, Warwickshire
Seiten 104-107 Royal Mail Sonderzustellung, Elizabeth Jose, Brooklyn, New York
Seiten 108-111 Schwinn, Estelle Bilson, Bedfordshire
Seiten 112-114 Raleigh Chopper, Norman Jay MBE, London
Seiten 115-117 Matteo, Matteo Scialom, Paris. Foto von www.lecomptoirgeneral.com
Seiten 118-120 Vergangene Zeiten, Simon und Wendy Doughty, Market Harborough, Leicestershire
Seite 121 Vélo Vintage, Hugo Badia, Edson Delgado, Paris
Seiten 122-125 Der Perfektionist, Guy Lesser, Brooklyn, New York
Seiten 126-127 Eine Affäre mit Phillips, Hannah Newham, London
Seiten 128-129 Gaskill's Hop Shop, Adam Gaskill, Murfreesboro, Tennessee (Foto von Daniel Youree Lewis)
Seite 130 BSA Klapprad, Vernon Crisp, Essex
Seite 131 Mizutani Super Cycle, Bruno Urvoy, Paris
Seite 132 Elswick-Hopper Scoo-Ped, David Gray, Middlesex (Foto von Chris Haddon)
Seite 132 CharRie's Café, Rie Sawada, Berlin, Germany (Foto von Rie Sawada)
Seite 133 Der Atombunker-Tunnel, Kelvedon Hatch, Essex
Seite 133 Critérium des Porteurs de Journaux, Miq Keeland, West Sussex (Foto von Chris Haddon)

Das Fahrrad bewirkt etwas
Seiten 136-138 Re-Cycle, Derek Fordham, Essex (Foto von Lyndon McNeil und Jason Finch)
Seite 139 Die Lastenfahrräder von Peking, Chaoyang, Beijing, China (Foto von Nathaniel McMahon, www.nathanielmcmahon.com)
Seiten 140-141 Die Fahrrad-Band, De Bakfiets Band, Amsterdam
Seite 142 Volle Band, Amsterdam
Seite 143 Magnificent Revolution, Adam Walker, London
Seiten 144-145 Street Books, Laura Moulton, Portland, Oregon (Foto von Jodi Darby, www.jodidarby.com)
Seiten 146-147 Dandy 911, Fine and Dandy, Matt Fox, Manhattan, New York
Seiten 148-149 Der Postbote auf dem Hochrad, Graham Eccles, Bude, Cornwall (Foto von Chris Haddon)
Seiten 150-151 Beam Bike, Amsterdam
Seite 152-153 Das Brompton, Titus Halliwell, London
Seite 154 Raleigh Explorer
Seite 155 Cyclops Bikes, Paris

Dank

Für mich ist nichts im Leben selbstverständlich. Also schätzte ich mich glücklich, als ich die Gelegenheit bekam, in ein neues Thema für die »coole« Reihe einzutauchen. Die Arbeit an dem Buch hat großen Spaß gemacht, und wir haben dabei inspirierende Menschen getroffen, die uns mit Staunen und Demut erfüllt haben. Fahrräder bringen wirklich das Beste im Menschen zum Vorschein.
Dieses Buch wäre jedoch nicht möglich gewesen ohne die Hilfe und Unterstützung zahlreicher Menschen. Vielen Dank an alle, die hier vorgestellt wurden, besonders an die New Yorker, die mich nicht hängen ließen, obwohl sie mit den Nachwehen von Hurrikan Sandy zu tun hatten. Wie immer geht mein Dank auch an Pavilion Books, vor allem an meine Lektorin, die mich beauftragt hat, Fiona Holman, und die Designerin Georgina Hewitt für ihr Vertrauen und ihre Unterstützung.
Danke, Lyndon. Wieder einmal hast du weit mehr getan als deine Pflicht, um die Essenz der Menschen einzufangen. Danke an Maureen Hunt und an meine wunderbaren Töchter Imogen und Gracie, die selbst eine begabte junge Fotografin ist. Vorsicht, Lyndon, sie ist dir auf den Fersen!
Lyndon und ich schulden außerdem unseren Frauen, Sarah und Emma, Dank für ihre uneingeschränkte Unterstützung. Im September 2012 heirateten Lyndon McNeil und Sarah Bull in Siena, Italien. Es war eine Freude, dabei zu sein. Und Lyndon durfte sogar in die Flitterwochen fahren, trotz unseres vollen Terminkalenders. Ich bin eben großzügig.
Zuletzt noch möchten Lyndon und ich dieses Buch unseren Vätern, David und Tony, widmen, die sorgsam viele Stunden damit zugebracht haben, uns das Radfahren beizubringen.

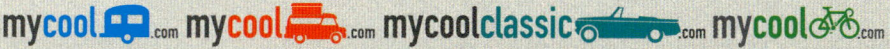

Chris Haddon

Chris Haddon ist Designer mit über zwanzigjähriger Erfahrung und einer großen Leidenschaft für alles, was Vintage und Retro ist. Zu seiner Sammlung gehört auch sein Atelier, ein umgebauter Airstream aus den 1960er-Jahren, von dem aus er seine Designagentur leitet.

Zusätzliche Bildlegenden: Seite 1: Raleigh Chopper; Seiten 2–3 Chopperdome; Seite 4: Hobbs; Seite 6: Der Classic Riders Club; Seite 9: Briggy's Bike Shack; Seite 12: Das Fahrradkabinett; Seite 58: Auf dem Hochrad um die Welt; Seite 80: Schwinn; Seite 134: Dandy 911; Seite 157: Critérium des porteurs des journaux; Seite 160: Die Donnerstags-Runde

Titel der Originalausgabe: *My cool bike*
Die englische Originalausgabe ist 2013 bei Pavilion Books, einem Imprint von Anova Books Company Ltd., London, erschienen.
Text Copyright © 2013 Chris Haddon
Design Copyright © 2013 Pavilion Books
Fotografien: Lyndon McNeil
Design: Steve Russell

Deutsche Erstausgabe
Copyright © 2014 von dem Knesebeck GmbH & Co. Verlag KG, München
Ein Unternehmen der La Martinière Groupe

Umschlaggestaltung: Leonore Höfer, Knesebeck Verlag
Lektorat, Satz und Herstellung: VerlagsService Dr. Helmut Neuberger & Karl Schaumann GmbH, Heimstetten
Printed in China

ISBN 978-3-86873-681-6

Alle Rechte vorbehalten, auch auszugsweise.

www.knesebeck-verlag.de